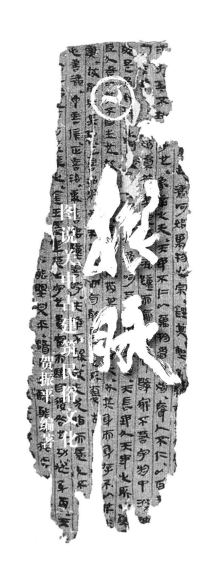

图说关中古建筑民俗文化

贺振平 编著

陕西师范大学出版总社

图书代号　SK23N0582

图书在版编目（CIP）数据

根脉：图说关中古建筑民俗文化／贺振平编著 . —西安：
陕西师范大学出版总社有限公司，2023.7
ISBN 987-7-5695-3319-4

Ⅰ. ①根… Ⅱ. ①贺… Ⅲ. ①古建筑—建筑文化—
关中—图集 Ⅳ. ① TU-092.941

中国版本图书馆 CIP 数据核字（2022）第 224587 号

根脉——图说关中古建筑民俗文化

GEN MAI——TU SHUO GUANZHONG GU JIANZHU MINSU WENHUA

贺振平　编著

出 版 人	刘东凤	
责任编辑	任　宇	
责任校对	徐小亮	
出版发行	陕西师范大学出版总社	
	（西安市长安南路 199 号　邮编　710062）	
网　　址	http://www.snupg.com	
印　　刷	陕西龙山海天艺术印务有限公司	
开　　本	787 mm×1092 mm　1/16	
印　　张	20.5	
字　　数	376 千	
版　　次	2023 年 7 月第 1 版	
印　　次	2023 年 7 月第 1 次印刷	
书　　号	ISBN 978-7-5695-3319-4	
定　　价	218.00 元	

读者购书、书店添货或发现印装质量问题，请与本公司营销部联系。
电话：(029) 85307864　85303635　传真：(029) 85303879

作者在韩城党家村调研时留影

序言

近三十年来，我一直生活在祖国西部中亚细亚，一块名叫塔尔巴哈台的土地上。十几年前，在开始整理草原民族猎鹰文化时，我对塔尔巴哈台地域的大美草原、神奇的游牧文化的认识，由最初朦胧浅表的观感，到深层次的理解，并对这种独特地域中即将消失的游牧文化产生了浓厚的兴趣，精神上长期处于一种亢奋状态。

那时，我几乎把大部分时间都用在了与草原和草原上游牧的哈萨克族的近距离接触上。几年时间，我游走于塔尔巴哈台大地的角角落落，记录并拍摄了属非物质文化遗产的中国北方猎鹰文化和游牧民族重要的生产生活形态——四季迁徙转场。伴随着两本图文画册《猎鹰》和《游牧记忆》的相继完成，我由初始的心潮澎湃逐渐趋于平静。

曾有一段时间，在我梦境中出现的尽是关中故乡的黄土地，故土的老屋，自家门前的大槐树，村西头尘封多年、斑驳沧桑并留下许多传说的王家老宅、毛家老宅……

尤其是2007年3月份，我和学友在陕北、山西平遥等地游走，一路感慨良多，无意间触碰到了封藏于内心深处、无以言表的怀古情愫。随后的日子，我时常抽出时间有意识地收集有关关中黄土地上残存的老村落、古民居的遗存信息。几年时间，我几乎跑遍了关中地区，特别是那些遗落有古民居的每一个县市和乡村。每当流连忘返于那些古朴、偏远的乡村，常被那些残存的石雕、木雕、砖雕等物件所感动；同时，也被幸存于关中大地上的几处豪宅大院精美绝伦的古建筑三雕艺术精品所震撼。

随着时间的推移、搜寻拍摄的深入，从最初资料中了解到的关中地区"八大名居"，到后来发现几乎各县市都遗存有在当地影响力甚巨的古民居，面对浩繁博厚的古民居遗存，我深知仅凭着热情拍摄易，要了解这些建筑元素的内涵难。

在投入拍摄近五年后，曾一度陷入迷茫，我因无法与古人对话，也难以找到具有深厚民俗文化的资料做参考，一时无法触及这些残存建筑的灵魂，无从着手。

后来偶然从一副楹联句中受到启发，做事何不"大处着眼，小处着手"？换种思路也就寻得了出路，那就从看似不相关联的建筑物件入手，逐步了解其寓意，最后再试图还原出一个宏大的整体来。这也是本书分为众多小章节的内因。

这种做法也受冯骥才先生思想的影响："历史离去时，有时也十分有情。它往往把自己生命的一切注入一件遗落下来的细节上。细节常常比整体更具魅力。如果你也有情，就一定会被这珍罕的细节打动，从中想象出它原有的那个鲜活的生命整体来。"

有了探访和对话的情怀，并明确了目标和方向，就有了源源不断的动力。十多年间，本着保护和继承发扬关中古民居建筑文化资源的理念，运用民俗文化的叙述视角，把最能体现关中传统文化根脉、散落在各地的那些古代文化遗存拍录下来，尽力拼接成一幅能反映旧关中社会建筑习俗的全景式画卷。让后人看到百年前的关中大地上的人们是怎样的生活状态，关中人所创造的融合了几千年传统文脉的原生态建筑居住观念，到底有哪些显著特点，而有别于中国大地上的其他流派。

换种思路和形式去了解关中地区，还有哪些独特民俗"基因"和明显的地域文化符号，最后用田野调查的方式进行了尝试性的整理和解读，用图文的形式尽量通过原生状的原貌去展现、去还原古时关中人古朴的生态观和厚重的民俗文化建筑观，让传承了几千年的优秀传统文化基因代代相传、薪火不断。

在长期的拍摄过程中，令人十分惋惜的是，这些遗存于世的民居瑰宝，以及与之相配套的数以千万计的木雕、砖雕装饰构件，石雕作品狮子、拴马桩、上马石等三雕古建文化精品，大多数被古董贩子倒卖到全国各地，遗落下的大多是残缺不全的零散物件，不同程度地受到了很大的破坏。

　　这些建筑文化遗存残存近千年，依旧倔强地屹立在关中乡野，其所蕴含的文化信息密码，呈现出一个取之不竭的传统文化基因宝库，它在诉说辉煌的历史过往，记录着国人远古—游牧—农耕定居文明，反映了社会文明进步的一步步跨越。这也是人们对几千年农耕文明无法割舍的情感和对精神家园回归的依托，同时也是中国五千年文明不断、生生不息的明证。

　　中国古人在建造一座城或者建造民居时，讲究人与自然融为一体。

　　国人认识宇宙原朴目的，就是更好地适应自然、利用自然，并与自然和谐相处。中国传统文化特有的天人合一、乐天知命、宁静致远的人文智慧，融合了儒、释、道等传统优秀文化基因的建造理念，对今天的城镇化建设及现代化条件下的创新建设具有很大的启发意义。

现今我国的经济建设成就为世人瞩目。国内城镇化建设在此契机下取得了突飞猛进的发展，但一定程度上也存在千篇一律模式化的缺陷。某些僵化、机械复制式的建设，失去了把传统文化优秀基因作为发展的动力内源，同时也失去了可持续发展的格局和自信眼光，失去了血液中的文化根脉，也丢掉了我们独有的民族风貌和厚重丰富的地域建筑文化个性。

本人不是专业作家和摄影家，只是一个普通平凡的记录者，凭着对传统文化的一腔深情，耗时十一载熬磨出一册图文集。现结集奉献给我热爱的故乡黄土地，也给热爱中国传统文化的人士提供一扇了解寻访的小窗。

在本书的编辑整理过程中，永不能忘张岩、苏国亚、杨克林、蔺茂奎、马文华、汪登科、孙涛、刘亚军、陈福祥、李艳阳等老师和朋友提供的多方帮助和付出的辛勤劳动。在此，对这些师友表示最诚挚的感谢！

2022. 12月26日

4

目录

第一章 关中概说

中华民族的母亲河——黄河，从发源地青藏高原一路奔腾，流经陕西北部黄土高原雄浑厚重的崇山沟峁时，用她那经久不息的

神力，在苍黄的陕北大地上刻画一条壮阔的"几"字形河流冲刻线。从"几"背线向南越过黄土台塬地带至中国南北地理的分界线秦岭山脉间，为喜马拉雅山造山运动时期所形成的巨型断陷带，因地壳间歇变动和河流下切，形成海拔相对不等的黄土阶地。这块东西长、南北窄，伴有渭河、泾河从中润泽的神奇、厚重、富庶的黄土地，人称"泾渭平原"。泾渭平原在秦时，因属大秦王朝的中兴之地，故又称"秦川"。又因这块富庶的谷地平原，东西长近八百里，所以人们又称之为"八百里秦川"。

　　"关中"一词的概念起始于战国，一般是指"秦西以陇关为限，东以函谷为界，二关之间，是谓关中之地"。学者多认为秦、汉时关

冬季黄河壶口瀑布　作者自摄

中西有大散关，东有函谷关，南有武关，北有萧关。

后随历史的发展和现实需要，新增了函谷关以西的潼关和北方的金锁关。这块厚重、神奇的土地因地理环境独特，天然险隘众多，名关拱卫，人们又习惯称之为"关中平原"。

关中平原，地势南倚秦岭山脉，北与黄土高原相依，西携陇山，东拥华山和黄河天险、崤山。其自然条件优越，物产富足，交通便利，四周有独特的山河、关隘之险。在冷兵器时代，成为中国大陆罕有的兵家必争、立国统天下之地。

关中平原，地势平坦，土地肥沃，水源丰富，河流纵横，气候温和，属暖温带半干旱季风气候，夏季潮湿多雨，冬季干燥少雪，四季分明，年降雨 600—700 毫米，是陕西境内自然条件最好的地区。

今天的关中，东为潼关，西为大散关，南为武关，北为金锁关。从地理区域上，关中是指秦岭以北，黄龙山、桥山以南，潼关以西，宝鸡市以东的渭河流域地区。

关中地区早在史前文化时期就已经成为人类居住地。如考古发现的蓝田人、大荔人、半坡遗址的半穴居形式、临潼姜寨遗址的原始聚

韩城党家村初雪图　作者自摄

落形式，均是新石器中期仰韶文化的代表，展示着这块土地史前文明的辉煌。

　　散落于关中的地上地下难以计数的文化遗迹和考古文物证实，关中地区是中华文明最重要、最集中的发源地之一。从周、秦、汉至隋唐，这里逐步发展成黄河文明的中心。

　　中国封建社会的前半部历史，基本上是围绕着关中展开的。《史记》中称其为"金城千里，天府之国"和"四塞之国"。《汉书》中载有，汉高祖刘邦与西楚霸王项羽争夺天下的关键时期，张良建议刘邦智取关中方可安天下时说："夫关中左殽函、右陇蜀，沃野千里……此所谓金城千里，天府之国。"自西周以来先后有十三个王朝在此建都，历时一千一百余年。

　　可以说古代中华文明的摇篮在黄河流域，而黄河文明的核心之一，是在渭河流域的关中地区。

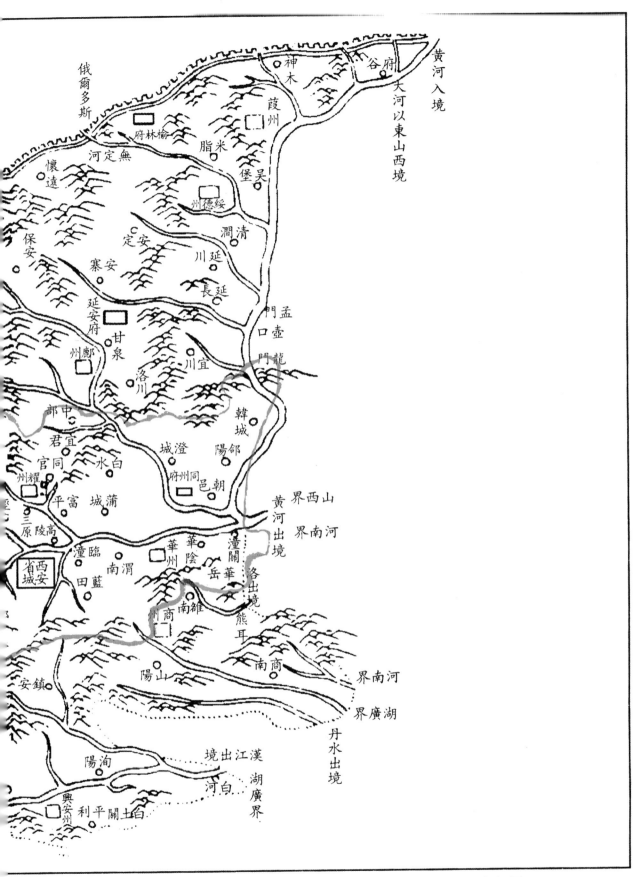

清代陕西省政区图

选自《关中胜迹图志》

（红线标注内为今关中地区）

第二章　图说关中的关

春秋战国时期各国为了互相防御，均在形势险要的地方修筑边域之墙。秦统一后，为防御匈奴向南袭扰，开始在北方边界修筑连通秦、赵、燕三国旧垒的万里长城。此后汉、北魏、北齐、北周、隋各代都曾在北方与游牧民族接境地带修筑长城。后来的明王朝也对长城进行过史上规模宏大的扩建和重修。

游牧民族以逐水草迁徙为生，农耕民族以固守土地为本。以农耕为主业的民族，自古以来就有从大的方面来思考，把"国"当作一座"城"来建的传统，边界就是万里长城。而地处王朝腹地的关中地区也是一处巧借四周群山险隘、为众关所环抱的大城。

函谷关

函谷关是中国历史上建置最早的雄关要塞之一。西踞高原，东临绝涧，南接秦岭，北塞黄河，位于河南省灵宝市境内，地处"两京"（长安、洛阳）古道，紧靠黄河岸边，因关在谷中，深险如函，故称函谷关。

清末函谷关
资料老照片

清末函谷关城门　资料老照片

潼关

潼关位于关中平原东端，居秦、晋、豫三省交界处。因临近潼水而得名，古称桃林塞。它南依秦岭，有禁沟深谷之险；北有渭、洛，汇黄河抱关而下之要；西有华山之屏障；东面山峰连接，谷深崖绝，中通羊肠小道，仅容一车一骑，人行其间，俯察黄河，险厄峻极。正如诗人崔颢所描述的那样："山势雄三辅，关门扼九州。"

清末进入潼关的东门
资料老照片

清末潼关西门和贞观塔
资料老照片

民国时期潼关东门关楼
资料老照片

民国时期潼关城内街景
资料老照片

武关

　　武关，古晋楚、秦楚国界出入检查处。位于陕西丹凤县东武关河的北岸，与函谷关、萧关、大散关称为"秦之四塞"。武关历史悠久，远在春秋时既已建置，名曰"少习关"，战国时改为"武关"。关城建立在峡谷间一块较为平坦的高地上，北依高峻的少习山，南濒险要，素有"三秦要塞"之称。

武关东城门匾额拓片
资料老照片

20世纪70年代的
武关城遗址
资料老照片

武关城险隘图　马杰画

大散关

　　大散关，亦称"散关"，位于宝鸡市南郊的清姜河岸。历史上因置关于大散岭而得名（一说因散谷水而得名）。山势险峻，层峦叠嶂，大有"一夫当关，万夫莫开"之势。因其扼南北交通咽喉，古称"川陕咽喉"。因战略地位，系关中四大门户之一。

古大散关遗址　作者自摄

今大散关景区　作者自摄

大散关抗金英雄吴玠、
吴璘塑像　作者自摄

大散关烽火台　作者自摄

017

萧关

《史记·汉兴以来将相名臣年表》载:"入都关中",《索隐》注曰"东函谷,南峣武,西散关,北萧关"为关中四大关隘。四关之一的北萧关,亦称汉萧关。六盘山山脉横亘于关中西北,为西北屏障。萧关即在六盘山山口依险而立,扼守自泾河方向进入关中的通道。萧关是关中西北方向的重要关口,屏护关中西北的安全,古时是关中的北大门,出关达宁夏、内蒙古及兰州、河西等地。

萧关遗址景区 作者自摄

萧关遗址景区 作者自摄

金锁关

　　金锁关位于今铜川市区北约20公里处的三关口以南、神水峡以北，是关中北部著名的古关隘。金锁关两旁山势突兀，道路崎岖艰险，形势极为险要，有"金锁天堑，鹰鹞难飞"之说。它是北上延安、榆林，西通甘肃、宁夏，南下关中的交通咽喉。自古以来，金锁关在军事和交通上都有非常重要的意义和作用。

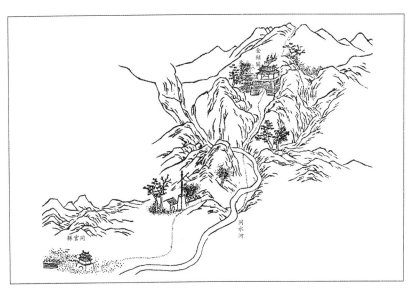

金锁关图
选自《关中胜迹图志》

异地复建的金锁关城楼
作者自摄

第三章 图说关中的城

古时从关中四周的任何一个峡关古隘进入繁华富庶的关中平原，都会看到分散在这块大地上按照周礼修建的等级不同、规模大小不一的城，如省城、府城、县城及散布在关中广袤大地城乡的堡、寨等。就连那些坐落在这些"城"里的民居也被建成了一个个小的"城"，你看关中地区遗存的古民居，哪一座四周不是被高墙拱卫着？

通过几年的田野调查，并整理收集、拍摄到的图片、文字后，我震惊地发现：这些关中老照片所记录的关中地区县城的建造风格没有完全相同的，散落在各地的民居大宅院门、房屋、雕刻风格也没有完全相同的，它们都是根据各自地域的自然条件并融合宅主实际情况建造而独具特色。

仔细观察就会发现，那些散落在各地的城或者民居不但没有僭越礼制，挖山填湖，而且是严格按照礼制，并巧妙借用当地的自然天险、水源地利之便，本着尊重继承传统、敬畏自然的朴素理念来建造。

古时人们建城的规模和大小有着严格的规制。

中国古代是受礼法约束、等级森严的社会。"礼"是行为规范，"法"是行为禁约，二者相辅相成。儒家思想也体现在建筑严整的城市布局和森严的社会等级上。

《周礼·考工记》记载："匠人营国，方九里，旁三门。国中九经九纬，经涂九轨。左祖右社，面朝后市，市朝一夫。"意思是说，建筑师营建都城时，城市平面呈正方形，边长九里，每面各三个城门（设立两个侧门）。城内有九纵九横的十八条大街道。街道宽度皆为能同时行驶九辆马车（七十二尺）。王宫的左边（东）是宗庙，右边（西）是社稷。宫殿前面是群臣朝拜的地方，后面是市场。市场和朝拜处各方百步（边长一百步的正方形）。

农耕民族所修建的城既是经济中心，也是政治中心或宗教中心，为保护自身劳动成果，特别注重安防体系建设，军事功能最为突出。所修筑的城墙不论是夯土城墙，还是内芯夯土外包青砖砌筑的包皮城墙，都建造得高大结实。古代城防，主要靠三类设施：第一是城墙。

清末西安府北城门

清末西安府北城门

民国时期咸阳钟楼

第二是城壕，注水又形成一道屏障，故古人常有"城池"一说。第三是城楼。城门有门楼，四角有角楼，马面有敌楼，都可用于瞭望、防御。

营建城邑，选址很重要，一般多建于近水的平地。《管子·乘马》有段话非常有名。"凡立国都，非于大山之下，必于广川之上。高毋近旱而水用足，下毋近水而沟防省。"《汉书·艺文志》的《数术略》中有一门学问，叫"形法"，就和城市选址有关。班固说：这门学问的第一个特点，就是"大举九州之势以立城郭室舍形"。所以古人建城一般都选在高山之下、广川之上，这是突出的特点。但实际中会有所变通。在黄土高原上，有时根据自然条件只能利用地势较高的平地筑城。但通都大邑，一般都建在黄河流域的低平之地。不同于其他国家，把城堡修在山头或山腰上。

古时城市选址，极为讲究地理环境。川随山转，路傍川走，道路交会处往往会有城市。古人为城市选址，一定要依托山形水势，并考虑人口、物产、交通等因素。

关中为十三朝国都所在，自古就有以中心统摄四方的理念。周始有一个理想化的建城模型，即周代的王城。《尚书》中的《召诰》《洛诰》、《周礼》中的《考工记》都讲到此城。周公卜宅洛邑，是把它当作天下的中心。司马迁说："此天下之中，四方入贡道里均。"（《史记·周本纪》）我们现在使用的"中国"一词，最早见于西周青铜器铭文，就是这个意思。

关中古时不建分散孤立、彼此平行的城市，而是分层设级，有统一的设计理念。比如先秦时代的城市，有国、都、县、邑四种。"国"是一个国家的首都，一个国家的中心。"国"以下的次级城市，有"都""县"（"都"是大县），"都""县"以下还有各种大大小小的"邑"。城内布局均采用整齐划一的理念，民居衙署以"间"为房屋的基本单位，几间并联成一座房屋，几座房屋围成矩形院落，若干院落并联成一条巷，若干巷前后排列组成小街区，若干小街区组成一个矩形的坊或大街区，若干坊或大街区纵横成行排列，其间形成方格网状街道，最后形成宫殿、街、衙署并以钟鼓楼等公共建筑为中心的有中轴线的城市。这就是中国古代城市的显著特点。

关中地区的城市建设，根据考古发现，早期有圆形、椭圆形或不规则形的布局，夏、商、周后就日趋方正。后来的城池设计，一直都把方城当作主流。古人理想的方城，都是坐北朝南，正方正位，四四方方，以方格网街道系统为主。但同时又充分考虑到当地地形地理状况而因地制宜。如《管子·乘马》中又讲："城郭不必中规矩，道路不必中准绳"，在现实中会根据山形水势和居住区的实际范围调整其设计，该曲则曲，该直则直，但"方正"建城的传统理念始终隐含在其中。

在漫长的历史发展过程中，古人对城的建造大都按照历史上传承的定制进行设计和施工。由原始社会的遍地开花到商周时期的初具规模，至春秋战国，形成体系。经过秦汉，大体定型。这些传统对隋唐以后都城的规划、城市里坊布局有很大影响。中国古人在建造城市以及城市建筑的过程中，尤为注重建筑物与环境之间的协调、和谐与统一，往往将自然环境的利用与城市规划设计融通起来，密切结合自然现实，顺应"天道"，注重人与自然的和谐相处，也与儒家强调的"天人合一"思想相一致。

这些思想和理念可从遗存的如西安城（今西安市）、古池阳城（今三原县）、耀州城、礼泉县、邠州（今彬州市）、临潼县、乾州城（今乾县）等的图片资料中得到印证。

三原县城北城门

1949 年 5 月 18 日
礼泉县解放

根脉

·

图说关中古建筑民俗文化

清末耀县南城门

清末白水县

清末乾县东城门

乾县县城全景

第四章 图说关中堡寨

行走在关中大地，随意与路边的当地人闲聊，打问他是哪里人，十之八九回答某某堡、某某寨。关中乡村的老百姓时常把自己所居住的村庄称为"堡子"。

翻查史料，旧时的关中黄土地上除各种大小不一、名气不同的城池外，对于人口稠密、农耕业发达的关中平原各地乡村来说，可谓堡寨林立，数量众多。现今一说起城来，有关它的用途和意义，记载的史料浩如烟海，读者也可从遗留的古城遗貌窥见一斑。而对于曾经遍及关中大地平原、山谷沟岇间的堡子、寨子而言，因社会的高速发展、经济的巨大进步，堡寨功能减退而失去了实用意义，遭到了毁灭性破坏，急速消亡，遗存很少，大多仅存留于史志和现今的地名上。如今在地名志和老百姓记忆里只留如徐家堡、关家堡、王家堡、东里堡等名称。还有许许多多叫"某某里"的堡寨，如昌河里、平安里、阜阳里等。

堡寨建筑在关中大地有着悠久的历史，是古人应对躲避战乱、匪患的侵扰，为了生存而修筑的规模较小、等级较低的一种防御型建筑。堡寨曾经广泛分布于关中平原各村镇，民国以前可以说遍布各乡村。

根据作者提供的实景资料绘制的带外墙的城堡　陈中华画

根据作者提供的白水县
山塬地带城堡实景资料
绘制　陈中华画

　　堡寨根据地理位置可分为平原堡寨和巧借北部黄土高原山塬地貌
或南部秦岭浅山地形天险修筑的据险堡寨；根据用途还可分为屯兵的
军事堡寨和老百姓安生的乡村堡寨。有些军事堡寨则是由政府有计划
地在一些重要的山隘修建的战防堡垒。

　　堡寨在关中大地有着久远且不曾间断的历史。据史载，堡寨汉时
称坞堡，在漫长的特殊历史条件下，基本上是以家族为核心、以血缘
关系为纽带而建立起来的一种地方组织。它既是一种经济政治组织，
也是自卫防御组织。生命安全是人类的第一需要，因为要自卫，所以
要构筑防卫设施，这些在黄土地上根据地域自然条件因势所修建的坞
堡，带有浓厚的乡村地域军事色彩。

　　坞堡是汉代豪强聚族而居，所以此类建筑外观颇似城堡，四周常
环以深沟、高墙，内部房屋毗连，四隅与中央另建塔台高楼，即望楼。

　　汉魏时期，封建统治秩序受到分分合合的冲击，在战乱严重地区，
原先的乡官系统已荡然无存。避居山林、流亡边僻之地的士民百姓，
聚合一处，相结相保，组成了大大小小的坞堡。没有远逃者，也就近
据险筑堡，聚众结坞。东汉时期地主庄园的势力本来就强大，所以当
时的坞堡数量之多、规模之大、内部组织之严密都远超前代，堪称中
国封建社会史上一个坞堡林立时期。

　　史学家陈寅恪在《桃花源记旁证》一文中认为："西晋末年戎狄
盗贼并起，当时中原避难之人民……其不能远离本土迁至他乡者，则
大抵纠合宗族乡党，屯聚堡坞，据险自守，以避戎狄寇盗之难。"

　　隋唐时期出现了乡里制，坞堡原先的使用功能已不能满足需要，
开始向城堡的功能转变。坞堡的高墙渐渐变成了城墙，坞堡也慢慢演
变成了城堡。

城堡大部分是在平原地区用黄土夯筑的一种规模比县城小的防卫堡垒，也有用城砖包皮的砖堡。堡等级要比城市低，堡内没有市集，只供战乱时避乱用，一般只建两座城门。小型的堡只有一座城门。

寨是依托关中地区的险山陡壑及黄土地上深沟大峁借势修筑的另一种小型防卫设施，一般只有一座城门，一面或两面城墙，余下部分充分借助自然天险而修筑。

关中地区从秦、汉、三国、两晋、南北朝、隋、唐朝末年至宋、元，历朝战乱不断。明朝政府为了抵御北元和安抚西番以保证西北边疆的稳定和安宁，设置西北边镇。明朝政府修筑了西起嘉峪关、东抵鸭绿江畔绵亘万里的明长城，建立了辽东、宣府、大同、延绥等边防重镇。其中延绥镇亦称榆林镇，为明朝初设的边镇之一。

西北边镇的设置客观上带动了这一地区社会经济的发展，特别是城堡的设立加速了城镇的兴起。自陕西北部的延绥镇建立以后，各种形式和规模不同的堡寨迅速建立起来，甚至有些大型堡的规模与明代陕西境内小规模的州城池基本相当。至今在陕西的黄土高原上还有许多明代的堡寨遗迹留存于世。

到了清代，有关堡寨的建设可谓达到高峰期，散见于各地的地方志中记载的史料翔实丰富。

如清朝康熙年间撰修的《周至县志》卷二载："各社又俱附以村堡"。《户县志》中记载的有关户县乡堡的详细介绍多达二百七十一处。到乾隆朝，户县仍有大量的堡寨记录，乾隆朝的《户县新志》卷一载："西乡凡村四十有三，内旧团堡七；南乡凡村八十有九，内旧团堡二十有八；东乡凡村一百有一，内旧团堡三十有一。"

民国《咸宁长安两县·地理考下》载："同治元年五月回攻西关……三年五月太平军出山，由子午镇至沣河连营三四十里。六年正月提督刘松山驻军雨花寨，捻首张总愚来犯……五月捻窥省。"

清同治元年始，关中地区不断遭受太平军、捻军等的战乱，城乡遭到前所未有的巨大破坏。生死存亡之际，地方士绅自发或者在政府的资助下大修堡寨。

长安举人柏景伟在其所著《修筑堡寨启》中录有："陕自回变乱以来，数千万生灵惨遭涂炭，数千里膏沃化为蒿莱，虽曰天意岂非人事哉？……则始终以自私之心之误也……当元二年贼匪初起之时，及四五年贼匪远飙之后，果使桑梓不惜资财筑堡寨、办池隍、练乡勇，制器械。以战则不足，以守则有余。"他以此动员修筑堡寨。"堡寨者，省州县之枝叶也。保堡寨，正所以保省府州县城也。"这是其在《营田局子午黄良二廒叛产应归堡寨议》一文中对修筑堡寨重要性的诠释。正是基于这一理论，柏景伟及其弟柏景倬，均积极倡导修筑堡寨，并由左宗棠委任负责督修关中各地堡寨。

清末泾阳安吴堡

民国时期修建的城堡
作者自摄

澄城王庄镇路井村
建于乾隆年间的城堡
作者自摄

此后关中各地修复旧有的堡寨，加上突击新修的堡寨，一时关中大地堡寨林立。《户县乡土志》载："东乡凡村堡一百有一，……南乡凡村堡九十有五，……西乡凡村堡四十有一，……北乡凡村堡八十有六。"民国《周至县志》关于周至堡寨数量有三百九十所。民国《临潼县志》卷一载："县城市五，县外市镇十八，堡一千三百有奇。"类似的记载在关中地区各县志中比比皆是。

关中平原地势平坦，修筑堡寨时基本不受山川河谷的影响。在建筑堡寨时也就需要人为地增加一些险要来抵御外来的进攻。柏景伟在《沣西草堂集》中对堡寨的修筑有着翔实的介绍。其中收录的《修筑堡寨章程》中对修筑堡寨的士绅有如下要求："修筑堡寨每里必有倡首之人，须择才德兼优众所推服者合里公举。"修筑堡寨士绅由本乡"总局绅委参酌"，等到堡寨竣工日再由团练总局"遵照抚宪会议章程禀请奖赏"。每一个堡寨都有一个分局绅董轮流换班负责督工。

在修筑堡寨设置防御险要时，需由总局绅士与该里绅约耆老"相度地势之险夷，察核村庄之贫富，查阅井泉之多寡"来勘测堡寨。关于堡寨的修筑取土挖壕的方法，则是"于堡寨外相离一二丈地面挑挖壕沟，挑起之土即以培筑。墙垣距堡寨城边之地不论官民悉准挑挖"，所占村民之地的补偿则是由"总局定价量给地主"。

堡寨城门不能太高太大，也不能太多。堡门需用铁叶包裹。在城墙上应多开炮眼，城角须添筑炮台。在城门上方开凿七星池，防止火烧城门。设置吊桥用坚木拼接搭在壕沟上，平时供行人出入，"有警则悬之"。城墙的尺寸也有一定的规定，例如"堡墙厚须一丈有零，高须二丈有零。城头须宽五六尺，以便站立垛口施放枪炮。垛口须用砖块砌"。

村子有贫富的差距，对于没有修筑堡寨的村镇，"数十村共筑一寨，附寨各村闻警报搬入，同有守城之志""修筑堡寨不以里限，不以县分"，以此来打破县域间行政区划的限制。这是在非常时期的一种救济难民、避灾躲难的方法。

每当遭遇战乱，政府的行政系统不能正常运转以维持社会秩序时，以往的乡社里基层组织往往被堡、寨之类的特殊社会组织所取代。社会越动荡，封建秩序破坏越严重，堡、寨这类组织就会越广泛存在，数量越多，规模越大，内部组织也越严密，所具有的军事、经济、政治色彩越浓厚明显。

堡寨是在动乱时代产生的，其修筑是底层百姓应对战争的一种方法与策略。虽仍不可避免战争所带来的灾难性的人口减少，但这种筑堡寨以自守的策略在当时来说具有一定的进步性。堡寨的大量修筑在那个时期势必起到一定的积极作用，一定程度上保护了社会生产力。

时至今日，在关中大地如合阳、澄城、白水及一些偏僻之地，还可以见到清代乾隆年间以来的城堡遗迹，遥想当年的盛景。

白水县境内的老城堡
遗存 作者自摄

白水县境内的老城堡
遗存 作者自摄

澄城王庄镇路井村建于
乾隆年间的城堡内景
作者自摄

韩城党家村泌阳堡城门　作者自摄

合阳灵泉村城堡门
作者自摄

合阳百良镇东宫城村
城堡门　作者自摄

澄城王庄镇路井村
老城堡门洞
作者自摄

韩城党家村泌阳堡
老城堡门洞
作者自摄

第五章 关中古民居的形式

图说了关中的城、堡，本章主要清晰直观地介绍关中地区民居的形式和种类。根据关中大地的自然地貌，从西北部的黄土山塬开始，由北向南逐渐过渡到渭河平原腹地渐次呈现出不同区域的民居形式。

清代、民国时期，关中置三府：东府同州（治所大荔，今渭南地区）、西府凤翔（今宝鸡地区）和西安府。三府各县虽同处关中地

根据耀州实景绘制的
靠崖窑院　陈中华画

根据资料绘制的长武县境内窑院民居村落　陈中华画

区，但不同的生境或受地域影响有着较为不同的生活习俗，民居形式也呈现出不同的特点。关中古民居大概分为以下几种形式。

窑洞民居

　　窑洞民居是关中地区黄土台塬、山区乃至整个中国西北部黄土高原地区民众最为重要的一种居住形式。毫不夸张地讲，中华民族几千年文明不断，窑洞这种简易廉价的民居立下了汗马功劳。每当平原地区遭遇战乱，雄浑厚重的黄土大地上穷山沟峁间的这些窑洞，总是慷慨地包容大批流离失所的流民度过灾难；近现代有散落在广袤黄土高原上的那些窑洞的接纳，中国工农红军在陕北黄土高原度过了那段极其艰难的岁月。

　　窑居在关中流行，史料载与周人先祖不窋有关。不窋是夏朝末期周族部落首领，出生于邰（今陕西武功县境），他的父亲后稷是夏朝的农官。不窋子承父职。由于当时夏朝孔甲帝"好方鬼神，事淫乱"，"夏后氏德衰，诸侯叛之"，朝纲大乱。不窋弃官出走，率领周部族离开邰，迁徙到今天的庆城一带。这一带古称北豳，当时是以狩猎游牧为生的戎狄部族的活动范围。

　　不窋在当地定居后，开始教民众将地穴式居住改为窑洞，并且重农耕，提倡饲养家畜、家禽，植树种花，为周人早期的农业经济发展做出了贡献。为此，不窋为民众所拥戴，他们修不窋城而居。

　　首先，他们开挖或修筑窑洞，做临时的住处。有崖的就直接打洞；无崖就挖坑，上覆盖厚土。他们把这叫作"陶复陶穴"。他们的祖先就是从洞中走出来的，而且不窋就出生在窑洞里，因此父亲为他起了不窋这个名字。"不"通"丕",是大的意思;"窋"是洞穴,通"窟"。不窋的儿子鞠出生后,手掌纹像个"鞠"字,不窋就为他起名"鞠"。鞠也出生在窑洞里,不窋又呼他为"鞠陶"。他们对窑洞、窟穴太熟悉了,对如何打洞修窑,非常内行。他们修筑窑洞,不过是为了临时安顿族人和半途中随来的外族人,没想到"陶复陶穴"之风就遗留在了当地,竟流传了几千年。

随着社会的发展,在漫长岁月中经过不断的改造和发展,窑居出现多种形式,如靠崖窑、明锢窑、地坑窑等。

窑居在陕西中北部的关中地区和陕北地区的黄土高原区域被广泛应用。这些地区正是我国黄土分布较为集中的地区,黄土厚度在50—200米之间,挖掘窑居的地质条件较好。同时,由于陕西位于北纬30°—40°之间,冬冷夏热,气候干燥,季节变化比较明显,当地人根据自然气候条件,利用高原有利地形,凿洞而居,创造了被现代人称为绿色环保的窑洞建筑。

窑洞最大的特点就是冬暖夏凉,在调节温度、湿度及控制室内空气环境方面有着良好效果。窑洞相对于木构建筑和砖石建筑而言,具有造价低廉、节省建筑材料、坚固耐用、便于修补等诸多优点。

关中地区由东南至西北海拔逐渐升高,黄土层加厚,窑洞的布局形式随之有着明显的变化。由于窑洞有因势而建的独特性,充分利用场地和周围的自然资源,所以产生很多不同的建造方式和布局形式。

靠崖窑

靠崖窑是直接在天然崖面上开挖的窑洞,主要分布在自然山坡、土塬的沟崖地带。建造时精心挑选背风向阳、离水源较近、方便于生产的山崖或土坡,在较好的坡面上修整出一个竖立平面,然后沿水平方向向内挖掘出一个或数个窑洞,窑洞前面是开阔的平院地。这种民

泾阳张家山靠崖窑
民居　作者自摄

居造价低廉，所需成本较少，施工较为简便，建造完成后居住舒适，冬暖夏凉，因而在关中平原渭北地区和陕北的黄土高原被广泛使用。

　　靠崖复式窑洞是在同一平面崖壁上建窑上窑，并在独立的院落里建单独通向二层窑洞的楼梯式的复式窑居，在关中沿山塬区域有少量分布。这种独特的窑居形式，一层适合年长者居住，二层适合年轻人居住，或存放粮食等物品。偶遇盗匪，一家人可携全家重要之物躲避于上窑，凭险可守。笔者在彬州市炭店村拍到这种独特的民居形式时，为先民颇有创意的建造感到十分惊奇。

麟游靠崖窑民居
作者自摄

彬州炭店村靠崖
复式窑民居
作者自摄

明锢窑

　　关中明锢窑，大多出现在较为平整的空地处。人们在平地上用青砖和经过简单加工的石条、土坯发碹，砌筑成拱形窑洞房屋，然后在碹顶覆上厚厚的土层做成平顶。使用砖材或石材砌造，整个独立的拱形洞体可以使窑洞四面临空，布置灵活，还可以建造窑上房或窑上窑，所以也被称为独立式窑洞。许多人家在窑洞的外部设置了阶梯可供登上屋顶，这样屋顶可充分利用，成为晾晒粮食与其他物品的平台。澄城县一些地方在建造时，先用黄土夯筑三面围墙，然后用青砖发碹窑洞主体，完成后再用磨制过的青砖，精饰窑脸后再覆盖上厚厚的黄土。

　　明锢窑的洞口门窗布置与土窑的洞口相似，但多数以条砖砌筑门脸、顶部的女儿墙和墙下挑檐。

澄城明锢窑民居
作者自摄

澄城明锢砖砌窑面
民居　　作者自摄

明锢窑是几种窑洞民居中档次最高的一种，施工工艺复杂，造价最高，也最耗费材料。

地窖

在渭北地区三原北部、耀州一带的塬区平坦地带，聪明的先民为了适应植被相对稀少、风沙较大的生存环境，发明创造了一种独特的窑院民居——地窖。这种民居是在地平面上，向下挖掘空间的地下窑洞。旧时在建造这种窑居时会请有经验的老人或者相关人员，首先在黄土层较厚的塬上平地处选择适宜的宅地，然后向下挖出一个凹下去的方形院子，再在这个院子的四面墙上挖成窑洞，这就是民间所称的地窖或地坑窑院，也称下沉式窑洞。

地窖的主入口，在窑洞所在塬体的平面以下，低于周围道路标高，使用一定坡度向下延伸直至窑体的入口洞。经济条件较好的人家，为进出窑院方便（尤其是在雨雪天）则会在黄土坡道上砌筑多级石条或青砖阶梯，方便上下。

当窑院的尺寸为9米乘以9米的方形时，适合挖掘八孔窑洞；当为9米乘以6米时，则适合挖掘六孔窑洞。其中有一孔做进入窑院的门洞，洞室的数量和院落布置也因主家的经济条件有所差异。经济条件好的做成青砖漫道，窑脸及顶部女儿墙砌筑成青砖饰面，门窗可做适当的雕刻。条件一般的，就是完全依赖自然生土，建成普通四合院式的地下窑院民居。

在开始建造窑院前和在地面建房一样会按当地习俗进行许多仪式。讲究的主家会请人，对所建窑院的门洞走向和院落布局做出系统的规划。

在今天渭北地区的三原、耀州和乾县等地保留了少量不同形式的地坑窑院。乾县朱家堡村前几年保留的很多八孔窑洞，当地称之为"八卦爪子"，在之后的民居改造中不断遭到废弃或填埋而即将消失。

铜川耀州区小丘
地窖民居
作者自摄

根据三原柏社地窑
民居实景绘制
陈中华画

三原柏社地窑民居
通道 作者自摄

在院落的布置上，靠崖窑、明锢窑与地窑的内部院落有着显著不同。由于地窑是向下挖掘大坑，然后在坑壁上挖掘窑洞口，所以其院落位于崖体内部，是四合院式的布局方式，院落内各窑洞口朝向多不相同。而靠崖窑和明锢窑要么不设院门，要么在道路与窑洞之间设院墙围合，临街只开墙门式的院门。

前房后窑式民居

前房后窑式民居，在关中地区周边山塬过渡带有大量的分布。主要类型有以下几种：院内单排厦房后部窑洞式、双排厦房后部窑洞式、连山式后部窑洞的近三合院式、前门院房左右厦房后部窑洞的近四合院式。这种窑院相结合的民居，是关中平原靠近山塬地区别具特色的民居建筑综合体，是有典型地域特色的民居建筑。

此种布局，综合了关中地区各种建筑类型的优点，如：上房建成窑洞冬暖夏凉，适宜喜爱窑居的老人居住；院内建成厦房具有平原地区等级较高的合院特点，而厦房又具有方便排水、通风防晒等优点，适合年轻人居住。重要的是造价相对较低，一般经济条件稍好的人家都可承受。这种民居建造形式能充分利用自然地形，可靠崖挖土建窑，建造过程会形成较大场院，根据空地的大小，可以后续建造进深和长度不等的厦房。同时背山而居，背风向阳，夏可躲避酷暑，冬可抵御严寒。还可借助山崖优势，在兵荒马乱的年月稍作改造加固，用于防御，以保护家人的安全。

关中北部山区前房后窑式民居　作者自摄

关中北部山区前房后窑式民居　作者自摄

关中合院式民居

　　关中地区的合院式民居，是在关中特定自然和历史环境下出现的
"上层建筑"。其可谓融通千年的关中古代建筑文化发展的集大成者，
有恢宏大气的外表、严谨和谐科学的布局，用料考究，内外部砖石雕
刻精美，变化丰富，内部装饰木雕隔屏，空间分隔合理。关中合院式
民居经历了几千年的不断发展，消化吸收、沉淀，以自己独有的古朴
内敛的外表、厚重恢宏的建筑风格、意蕴深厚的"雕刻三绝"，在中
国的民居建筑流派中自成一体，是陕西乃至中国北方建筑的典型代表，
在中国合院民居建造史上有着标杆性的地位。

　　关中四合院历史悠久，早在三千多年前的西周时期就有四合院的
出现。陕西岐山凤雏村周原遗址出土的两进院落建筑遗迹，是中国已
知最早最严整的四合院实例。

　　汉代四合院建筑有了更新的发展，受到堪舆学说的影响，四合院
从选址到布局有了一整套阴阳五行的说法。

　　唐代四合院上承两汉，下启宋元，其格局是前窄后方。

　　明清以后形成了标准的长方形窄院民居。这些民居，院落狭长幽
深，并巧用檐廊、厦房、上房屏门隔扇。无论在土地利用、平面布局、
空间处理还是内部装修等方面，都具有很深的传统文化内涵和鲜明独
特的地域特色。

　　关中地区普通合院式民宅，也都深受这些大宅院的建筑风格影响，
一般都具有平面布局紧凑、用地经济、建材与建造质量要求严格、室

根据陇县民居实景
绘制的单排房院民居
陈中华画

根据长安民居实景
绘制的连山式二合院民居
陈中华画

内外空间处理灵活、注重装饰艺术等特点。虽然比不上官僚、地主和富商的大宅院建造工艺精良、施工水平高超，但关中地区普通合院式民居同样也是我国民居建筑宝库中的重要建筑文化遗产。

关中民居历史悠久，不同时期的民居建筑遗存保留在关中大地上。现今散落在各市、县、乡村保存较完整的元、明、清以来的合院式民

渭北地区三合院式民居
作者自摄

三原嵯峨镇合院民居
作者自摄

蒲城王家四合院式民居
作者自摄

居主要有以下几种类型：单排房院、双厦房二合院、双排厦房后大房三合院、前门房左右厦房后大房四合院、地主富豪所建的多进多跨院式民居等等。

单排房院

由于经济原因，普通人家在自己的院落只盖一排房屋，盖房时建成单坡厦房或者建成两坡流水的悬山式房屋。院内只有一栋主房，其他地方均用围墙围护。在上房正对的院墙上，开设进院的墙门。

二合院

二合院式民居是关中地区数量较多的一种民居形式，常左右建厦房供家庭成员居住。建造时把前二房山墙相连接，在中间开门，后留院落作为饲养家畜、存放农具的场所。对以农耕为主的广大关中农民来说，这种二合院式民居，相对造价较低，使用方便，应用最多。

三合院

三合院式民居在关中地区是家庭经济条件较好的人家最为优先考虑的一种民居形式。这种民居，左右建有对称的厦房，后建有三间正房（民间称大房），在连山墙体开随墙院门。民间也称这种房院为左右厦房后有厅堂。

四合院

四合院式独院民居是关中地区等级较高、较为常见的一种民居形式。这种院落布局是由门厅（街房或倒座）进入院落，左右两侧建有厦房，后建有硬山大房（硬山大房是陕西人对两坡屋顶大瓦房的特定叫法）。在经济较为落后的年代，相对于单坡流水厦房而言，开间进深较为宽大的两坡房子已经很奢侈了，所以被人们称为"大房"。

四合院庭院空间、房间的厦房间数多少，直接影响四合院的进深和比例关系。这种合院的窄院布局在关中地区历史最为悠久，使用最为普遍。后来，官僚、富商把这种民居形式进行串并组合，建造成等级高的多进和跨院民居群的单元基础。

通常情况下，普通关中人家的四合院面宽多为5—9米，进深20米左右。房的开间数量多视主家的经济状况等情况而设定。

多进多跨院式民居

在封建社会，诸如贵族、官僚、地主等豪门家庭，受宗法礼制思想的影响，多由家长主持家务，维持数代同居共食的家庭构成。因人口众多，住宅规模建设庞大，建筑空间组织繁杂，形成东方独特的多进多跨院式豪门大宅这种居住形式。例如现存于世的有一进（三开间）、二进（五开间）、三进（三开间）和二跨（三开间）式。

关中民俗艺术博物院
合院式民居
作者自摄

西安高家大院
合院式民居
作者自摄

旬邑唐家大院合院式民居
作者自摄

现今遗存于关中大地的传统民居中，多进跨院式民居也较为常见。大宅院出现较多的是二进院落，一般设一至两个偏院。其主要组成单元为二进的两个跨院，其中等级较高的开间为二进（五开间）的院落，在关中民俗艺术博物院保存有这一珍贵的居落形式。二进二跨院（三开间）院落，最典型的例子要数保存较好的唐家大院了。西安的高家大院为三进联排三院。以前，官阶较高者多采用三进院落配合两个跨院的形式。这些民居多为旧时官僚、地主、富商大户修建。

在有一千一百多年建都史的关中大地上，罕有王公皇戚大宅建筑。这是因为虽关中贵为十三朝建都的所在地，但自唐王朝以后封建帝王都城开始迁离关中，遗留的王家府邸那些气势恢宏的庑殿顶或歇山翘角式的皇家官式建筑，随着时间的推移，受建筑材质、自然损毁和历朝历代战乱的影响，而逐渐消失在历史的长河中。在此不多做赘述。

第六章　影响关中古民居建造的主要因素

易学文化

　　以农立国的中华先民，很早就在黄河流域的黄土地上开始了对宇宙的探索，产生过"盖天""宣夜""浑天"等宇宙学说，影响最大是"盖天说"。被世人称为群经之首的《易经》用太极图描绘了宇宙模式的图样，以"太极"之道生发出宇宙整体思维模式，内含"易与天地准"、"三才"之道、八卦之经卦及六十四卦，并蕴含着德行实现原则，因而最早开创出中国哲学原创性的整体平衡性思维模式。

　　易学一方面尊重天道规律，另一方面又注重发挥主观能动作用，折射出天人不是相胜、相离的关系，而是相待、相协调、相和合的关

根据三原民居实景绘制
陈中华画

根据合阳民居实景绘制

陈中华画

系，揭示了天和、地和、人和、天地人和、偕同一和，即达于"太和"之境的信息。

　　《易经》的这种宇宙整体思维模式，为以后的孔孟儒学继承而发展为"中庸"仁义道德哲学，以及对道家"道法自然"本性的道德哲学提供了丰厚的思想源泉。易学不但开启且延续着中国文化思想的生命力，而且对宇宙生命生态发展与构建和谐世界起到一定的智力支持作用。

　　中国传统的堪舆学，也是一门讲求人和宇宙协调的学问，周易是堪

蓝田汤峪镇东沟口民居
作者自摄

舆学的基本理论基础之一。

据记载，早期易学是通过八卦的形式来表征自然界的事物，是以科学观察、积累经验，遂而推测自然和社会人事变化的。

八卦符号是伏羲氏仰观天象、俯察地理，然后在观察自然界中的动植物、日月星辰、山川湖泊等具体事物基础上，遂而上升为理的"观变于阴阳而立卦"的产物。具体言之，易学中的两个不同的阴阳爻符号所组成的八个经卦，即乾、坤、震、巽、坎、离、艮、兑，最早分别代表天、地、雷、风、水、火、山、泽八类基本事物。这些基本物质构成了人与生物所需的光、热、空气、水、土地等必要生存自然条件（即生态环境）。八卦又表征了事物不同的特性，即："乾"，健也。"坤"，顺也。"震"，动也。"巽"，入也。"坎"，陷也。"离"，丽也。"艮"，止也。"兑"，说也。因此说，八卦是以理性的感知与人对天地感通相融合而形成的产物。故此，易学中的八卦很早地就表征了自然界中各种不同事物的特性及情感，有着丰富的生命生态学蕴意。所以有不少研究者认为堪舆学直接源于易学。

中国最古老的皇室文集《尚书》中，有三千年前的君王找人来皇宫"相宅"的记载。西汉时期，汉高祖刘邦的孙子、淮南王刘安召集门客所撰写的《淮南子》一书中，就有关于堪舆的记载："堪，天道也；舆，地道也。"

司马迁的《史记》中也载有"堪舆家曰不可"的文字。汉武帝时期，堪舆家曾作为方术的一支流派，与其他方术流派一起，经常参与国家大事的商讨，一度受到国家政权的重视。

发展到后来，人们以河图、洛书为基础，结合八卦、九星和阴阳五行、干支生肖、二十四节气等相互间的关系，形成了一套深奥的堪天舆地的理论体系，从而希图推断或改变人的吉凶祸福、寿夭穷通。

陕西关中地区主用文王八卦（即后天八卦）定宅基方位。其他地区也有用先天八卦（也就是伏羲八卦）定方位的。现实中自唐宋以来，在关中地区又逐渐发展为两大派，即"形势派"（又称峦山派）和"理气派"。"形势派"强调地形、地势；"理气派"强调地理、方位、朝向等。山塬地区以"形势派"为多，平原地区则以"理气派"为多。

先民在长期实践中，悟出了人与地之间的相互关联性。在天、地、人相互感应的原则下，将宇宙万物的相互关系纳入一个神奇的圆盘上，这就是罗盘。罗盘主要由位于盘中央的磁针和一系列同心圆圈所组成，每一个圆圈都代表着中国古人对宇宙自然这个复杂庞大系统中某一个层次信息的认知。古人认识到人的气场要受宇宙气场的影响，人与自然和谐是吉，人与自然不和谐是凶。于是把宇宙中各个层次的信息，如河图、洛书、八卦（先天、后天）、五行、二十四节气、天干地支、二十八星宿等，全部精细地刻在罗盘上。先民在使用时通过磁针的指向，寻找辨别，有效地运用于人类的选址、规划、建造、立业中，用罗盘寻求最佳模式。先民对罗盘的发明和使用，使平时很玄妙复杂的堪舆学变得简单明了起来。关中地区隐秘的民俗心理文化，在关中大地的名宅上都可找到活的例证。平时所看到的宅院大门并不一定和整体院落处在一条轴线上，就是面南背北的院落大门也不一定居中，布局在中

根据三原民居实景绘制　刘正涛画

轴线上，而是根据需要开在不同方位上。

　　另外，还有重要的一点，现实中散落在关中大地上的名居大宅，就连很普通的百年老宅，几乎没有一处院落的坐向，方位是沿着子午线布局的，也就是老百姓平时所说的正南正北相。神奇的是这些建筑的坐向，在罗盘上沿子午线，朝向某一个方位偏离15°左右。难怪关于民居建造前放线定向，民间长时间流行一句俗语叫"斜庄子，正庙"。

　　民间留传的堪舆学说中，有关于四正、四隅和八干立向的要求。子、午、卯、酉在地支中叫作四正。四隅则指东南、西南、东北、西北四角的方向。八干，十天干中除去戊、己，即甲、乙、丙、丁、庚、辛、壬、癸。民宅以此八干的山向为贵。

　　关中传统民居建造非常注重人与宇宙的调和，人们长期依据《易经》中的阴阳八卦和五行、四象之说来指导民居宅院的建设。八卦有先天八卦（为伏羲所创）、后天八卦（为周文王所演绎）。

　　古人主要运用八卦定方位，而关中地区则主要用后天八卦定向。古人在修建民居时，会首先用罗盘来定方位。不同的堪舆师会用不同的方法。古时流传于关中地区的流派较多，西府一带和东府及渭北地区，所运用的方法有很大的不同。

　　现举例说明古代在关中地区，一些堪舆师常用的相宅方法。

每当主人家请来堪舆师，给其相位选址时，堪舆师大多数运用的是"宅命相合法"，又称"福元法"。

在关中地区遗留的老宅调研过程中，陆陆续续看到不同方位宅院，所开大门及院落布局所采用的是流传于此地的"东西四宅法"。按照后天八卦所定方位，将人的命卦与住宅卦象分为"东四向"与"西四向"。民间也称为东四命、西四命，东四宅、西四宅。

有的民宅运用"游年八宅法"。此法实际上是先用文王八卦九宫格排成八卦宅，并称之为宅卦；然后，依据宅主人的具体情况，推论方位，并以此为依据来确定建筑的坐向、门的朝向，以及宅院主房、厨房灶位、厕所等的位置。

古人除了充分运用阴阳八卦说指导民居建造，还把五行学说等用在建筑方位实践中：土代表中央，北方水，南方火，东方木，西方金。

金在天干为庚、辛，在地支为申、酉，在五色中为白，方位为正西，八卦属兑，四季为秋，其形尖锐，其用锋利，其意收纳。

木在天干为甲、乙，在地支为寅、卯，在五色中为青，方位为正东，八卦属震，四季为春，其形直方，其用繁荣，其意生长。

水在天干为壬、癸，在地支为子、亥，在五色中为黑，方位为正北，

根据潼关老城民街实景
绘制　刘正涛画

八卦为坎，四季为冬，其形圆柔，其用滋润，其意凝藏。

火在天干为丙、丁，在地支为午、巳，在五色中为红，方位为正南，八卦属离，四季为夏，其形炎上，其用争斗，其意兴旺。

土在天干为戊、己，在地支为辰、未、戌、丑，在五色中为黄，方位为正中，四季为季末，其形方大，其用敦厚，其意承载。

此外，关于民居建造，还有四象说。四象说中的四象，即东方青龙、西方白虎、南方朱雀、北方玄武，为一场所的四周之护物。《三辅黄图》载："苍龙、白虎、朱雀、玄武，天之四灵，以正四方，王者制宫阙、殿阁取法焉。"民间修民宅也多参此。

关中民居在建造时，长期遵循的是窄院民居的传统，南北狭长，东西窄短。习惯是厦房半边盖，最后形成"天井在内，四水归堂"的格局，以示"财不外流"。

关中地区是典型的温带季风气候，四季分明，温度适中。但是还会遇到我国华西地区一种特殊的气候现象华西秋雨。每年秋季，我国华北地区受高气压控制，西伯利亚和蒙古国也受高气压控制，在华西地区形成了一个低气压区，冷暖空气频繁在此交汇，造成了关中地区每年秋季阴雨连绵。这时关中民居因四水归堂的格局，就会收集大量的雨水，加之关中土地为湿陷性黄土，如不能及时排出就会对建筑造成水害，严重的会房倒屋塌。关中先民根据这一自然特点，结合传统建造习俗，创造了独特的民居建造技艺。

在现实生活中，遗留下来的优秀古民居所蕴含的先民的聪明才智和工匠的高超技艺令人震撼、折服。这些历经百年沧桑的人间宝物蕴含的深厚文化内涵令人难以解读。现实生活中加上一些所谓"大师"

蓝田汤峪镇民居　作者自摄

蓝田汤峪镇民居　作者自摄

故弄玄虚的故意曲解，就给这些本是传统文化经典的建筑艺术精品披上了一层神秘的面纱。这些遗世的民居都经历了"土地改革"和"文革"的"破四旧"运动。民居的建造方法、潜在规矩和理念，发生了较大的变化。现今想要解读这些已断了传统民俗文脉的古民居艺术品，就需要理性回归到我们民族千年的传统民俗文化根脉上来。

当然，更多的民居建造理论在民间的广泛应用，充分反映了先民对未知领域的探索，对土地、自然生态的敬畏和尊重。讲求民居建筑与自然和谐相融的朴素世界观，是"天人合一"观念的具体表现。

宗法礼制及封建等级观念

影响传统民居形态的另一重要原因，是传统的宗法礼制及封建等级观念。中国传统文化在人们的心目中形成了牢固的宗法礼制观念。

周公奠定的礼乐秩序，构成社会的伦理核心。这些观念决定了民居建筑的布局形态、形制、建筑材料和装饰色彩的运用。

有学者认为，礼教是宗法制度的具体体现和核心内容。礼制作为古人的文化规范、行为模式、礼仪模式、规章制度，基本上体现一种上下尊卑的伦理秩序。正是这种秩序，从建筑形制、施工则例、建筑用料及装饰等多方面对关中古民居进行了制度化、标准化的等级规范。

在我国，"民居"一词最早来自《周礼》，原文是"辨十有二土之名物，以相民宅，而知其利害，以阜人民，以蕃鸟兽，以毓草木，以任土事"，疏曰："既知十二土之所宜，以相视民居，使之得所也。"民居是相对于皇居而言的，统指皇室以外庶民百姓的住宅，其中包括达官贵人的府邸宅院。

电影《白鹿原》白鹿村宗祠　作者自摄

　　中华民族号称礼乐之邦，是与礼乐秩序的长期教化分不开的。建筑在其发展过程中长期受到"礼制"的影响。儒家以"礼"为中心，把"礼"看作一切行为的最高指导思想。"礼"的本质是上下尊卑的伦理秩序，而乐的精神则是调和各种等级类别之间的关系。

　　儒家的理论核心是人治，不是神治，因此强调规范人的观念行为，包括与日常行为密切相关的民宅环境格局。既然人们一切的行为都要遵循"礼制"的规范，作为民居的建筑行为自然要严格受礼制的约束，如皇宫中的"前朝后寝""三朝五门制度""九五之尊"等都反映"礼"的精神。礼制约束着大到城市建设、小到民宅建设的古代社会方方面面。

　　宗法制度制约、影响了包括民居在内的中国古代建筑，如明确的轴线布局、房屋的面宽、进深与单体建筑开间及单体建筑的等级划分、门楼的形制、基座与台阶、屋顶的形式、斗拱、房屋色彩的运用等等。关中古民居建筑也毫不例外地体现了封建社会的伦理秩序，是礼制和等级观念的综合反映。在今天散存于关中大地上的各式古民居中都能找到"礼制"的印痕。

　　封建社会关于房宅的建造使用，等级森严，尊卑大小，各有分明。唐代规定：官员所建屋舍，三品以下门屋不得过三间五架；五品以下含五品，门屋不得过三间二架；六品、七品以下，门屋不得过一间二架。

　　明洪武年间制定的官员营造房屋规定为："不许歇山转角重檐重

栱及绘藻井,惟楼居重檐不禁。公侯前厅七间两厦,九架,中堂七间九架,后堂七间七架,门三间五架,用金漆及兽面锡环……一品二品厅堂五间九架,屋脊用瓦兽,梁栋斗栱檐桷青碧绘饰,门三间五架,绿油兽面锡环。三品至五品厅堂五间七架,屋脊用瓦兽,梁栋檐桷青碧绘饰,门三间三架,黑油锡环。六品至九品厅堂三间七架,梁栋饰以土黄,门一间三架,黑门铁环。品官房舍,门窗户牖不得用丹漆。功臣宅舍之后,留空地十丈,左右皆五丈,不许挪移军民居止,更不许于宅前后左右多占地,构亭馆,开池塘,以资游眺。"后来又逐渐提出新的形制规范,增加对官僚宅院的种种限制性规定,如三十五年的"一品至三品厅堂各七架,六品至九品厅堂梁栋只用粉青饰之"。

明洪武二十六年对普通民居的形制也有所规定:"庶民庐舍定制不过三间五架,不许用斗栱,饰彩色。"

清张廷玉等所撰《明史·舆服四》中有:"百官第宅:……公侯,……门三间,五架,用金漆及兽面锡环。一品、二品,……门三间,五架,绿油,兽面锡环。三品至五品,……门三间,三架,黑油,锡环。六品至九品,……门一间,三架,黑门,铁环"。

清代沿袭明制,《清律例》规定:一品、二品官员正门三间五架,三至五品官员正门三间三架,六至九品官员正门一间三架。

根据铜川阿庄镇民居实景绘制 刘正涛画

以上各朝森严的建筑等级制度明确规定了官员宅第大门的规范，品级不同，宅院所建房屋间架不同，于是相应的门户大小也有所不同。现存的明清时期的关中民居，充分地反映了关中地区传统民居受家庭的生活需要、封建等级、礼仪制度、地方民俗民风、宗教信仰等方方面面的明规暗矩的影响。

儒家思想文化

关中是千年帝都所在，文化底蕴深厚。儒家文化是关中文化的基石。关学，自北宋张载开创以来，千百年来在关中大地绵延不断，根深蒂固。

儒家学说倡导血亲人伦、现世事功、修身存养、道德理性，其中心思想是孝、悌、忠、信、礼、义、廉、耻。在儒家文化深层观念熏陶下的关中民居建造，深深打下了儒家文化的烙印。关学向来被认为是儒学正宗，曾开启宋明理学之源。

关中醇厚的民风民俗，是儒家文化得以生生不息的标帜，这是其他地域所不能比的。关中古民居建造中砖雕、石雕、木雕对儒学题材大量运用，正是儒家文化民间化的具体体现，也是对儒家文化世俗化最有力的诠释。

关中独特的地理和自然环境

关中平原周围，天障自成，四方位险关紧锁，中间沃野八百里。这种奇特的自然环境长期无形地内化、影响了关中人的性格和思维方式。

据考古资料证实，周代关中就有注意能量平衡、注重安防和私密隐讳的"合院"形式出现了。这一居住形式在关中大地存在发展

宝鸡眉县横渠书院
张载像　作者自摄

初雪后的关中平原村落　作者自摄

了几千年，在黄土地上自成体系，兼有内陆农耕文明特点，呈现出很强的封闭性和警惕性，而有别于草原游牧文明和海洋文明人群的居住形式。

无论任何地域的原生民居建筑形态，都是该地域自然条件、物产条件及独特历史、民族民俗文化综合其他各种因素而长期相互作用所形成的。

关中古民居的产生，体现了关中先民在黄土地域生存、生产过程中对自然环境的适应。关中传统的民居建筑深深地打上了独特的地理环境烙印，生动地反映了人与自然的关系。

历史的发展

三千多年前西周时期的扶风县凤雏村遗址，是迄今中国发现最早、最完整的四合院民居形式。

西汉长安和东汉洛阳居民区，确立了闾里制度，用地方正，外筑围墙，内设十字街，民居采用矩形用地和端正的布局朝向。这种制度对后世流行于关中地区的窄院民居影响较大。

唐朝里坊制发展成熟，坊为大小不等的方正矩形，民居用地皆取正向轴线布局，依托十字街或横街，以及曲巷设置。西安中堡村盛唐墓中出土的陶明器住宅，显示当时合院住宅已开始增多，时称"四合舍"。

明、清是民居大发展的时期，其形制是由正房、厢房、倒座组合成的四合院，尺度较为宽大，房屋建筑结构严谨，装饰雕刻精美繁复。民居建设处于历史的巅峰时期。这一时期在关中地区遗留下的民居精品特别多，如韩城的党家村古建民居群、三原的周家大院、旬邑的唐家大院、凤翔的周家大院、西安的高家大院、泾阳的于家大院、安吴堡的吴家大院、合阳灵泉村的党家大宅、潼关秦东镇的沈家宅院、西安长安区的郭家大院等等。

根据三原柏社民居

实景绘制　刘正涛画

　　清至民国时期现存于世的传统民居较多也较完整，如蒲城的林则徐故居、杨虎城故居，扶风县的温家大院，等等。这一时期的民居具有用地紧凑、层数加高、进深加大、拼联建造、装饰简朴等特征。

　　传统关中民居的建筑材料及工艺制作水平都受到其时其地的历史文化传统影响。所以至今遗存在关中大地上的各种民居院落，从形制看相互多有近似的部分，细细看来各家又有许许多多不同的地方。每一处精品宅院都深深地反映出主人的审美和喜好，每一处宅院完全不同的建造装饰表现，都有着相应的历史渊源和深刻的文化象征。

中国传统民居的等级观念之深、等级差别之严，正是儒家礼制思想中的人治，而不是法治、君权胜于神权的独特产物。传统民居的结构布局、建设和规模，明显表现出尊卑贵贱的等级观念。

就一个家庭来说，长辈住上房，晚辈住侧房（厢房），仆役住下房，不得逾越。未出阁少女不能轻易步出院外，宾客外人则不可随意进入内院。

中国传统建筑注重沿中轴线对称的平面布局，具有强烈的"中庸平和"意识，集中体现在对中轴线的强化和运用上。如旬邑的唐家大院，正院内部空间划分为纵向二进式平面，建筑布局严格按照礼制规矩。从入口的街房穿过前院入厅房，再经过后院至正房形成完整的空间序列。庭院在纵向有明显的轴线意味，横向则左右大体匀称。主要建筑物如入门的街房（倒座）、宴客或婚嫁用的厅房、长辈居住的上房等均排列于中心主轴线上，附属的厢房、厨房等则位居次轴，轴线上的房屋布局一般以"前公后私""前下后上""正高侧低"为原则，即前院为关系较疏远的亲属及奴仆的住房，后院为家长及直系亲属的住房，前院必须低于后院，正房的檐口必须高于侧房。

整体建筑高度与地基高度均沿中轴线逐渐增高，房屋的空间位序服务于人伦秩序，轴对称排列，区分明确的内外院同房屋共同构成内在相通关系，这种虚实相间、阴阳互补的形态，反映出上下、主从、长幼层次分明的秩序，富有浓厚的宗法礼制意识。

正院的厅房作为大户官宦世家的主要待客场所，显示出户主重礼好客的大家风范，在面宽固定的院落中，极大地增加了其进深长度，是整个正院进深最长的建筑。厅房内部更是增设屏门隔断出前厅与两侧通往后院的过厅，划分出中正体面的待客空间，以及左右分流的交通空间。后面的厢房与厅房并无缓冲的角院，而是直接连接于厅房，且檐口相连，出檐较深，加大空间面积，使得三面紧凑围合出狭长的后院，形成比前院更私密的家族内部成员聚合居住空间。

最后的厅房在院中等级地位最高，用于长辈居住。为了祭祀祖先，将厅房内部中间三个开间划分出中厅，作为家庭成员在祭日集中的场所。因此两侧开间的卧房面积较小，形成仅供老人独自居住的小房间，且在房间一侧有通往二层的楼梯间。正院上房的二层则统一划成供奉祖先牌位的地方，体现以孝治家、长幼有序的伦理规范。

与正院相连的两处宅院作为正院的辅助，为家人、晚辈生活居住的场所。三个院落之间以墙门联通，两个通口位于各个院落街房与厢房、正房与厢房之间。

正院东侧的偏院院落建筑高度与进深和正院大致相同。面宽为10米，位于中轴线上的主要建筑均为三开间。正房与厢房均为晚辈卧房，正房的二层是家中女儿的闺房。厅房作为家中内部成员集会的地方，有时也用作嫁娶的场所。

最东侧的建筑相对高度和进深均小于前面两院，是为正院和偏院服务的奴仆、杂役、匠人的居所。在空间划分、功能使用上均较为灵活。

具有明显关中传统民居特征的宅院中，等级最高的院落为官僚的宅邸。历史上的中国官僚皆在故里建造大宅，一则可炫耀乡里，二则以备卸职归隐。这类住宅除规模宏大以外，还带有很深的文化气息。如书房、会客部分较大，附设有宅园，建筑装修考究，入口庄严气派，显示出有别于一般民宅的形式特征。

关中传统大宅院中的另一种类型则是多处存在的地主富商大宅。以前，在农村，地主富商作为封建制度主导阶级，是经济上最富裕的阶层。他们的住宅自然也是高质量和有创意的，整体布局灵活且建筑风格多变。一方面，由于受传统家庭伦理道德思想和气候环境的影响，保留传统式样；另一方面，为了炫财斗富，整体布局灵活，建筑风格新颖。由于聚落中的强势群体以地主转型的富商为主，且聚落受到宗法制度的强烈影响，如韩城的党家村聚落是以血缘关系和家族观念作为相互联系的纽带，韩城一带的几大家族在当时互相攀比，竞争激烈。有的家族对农村老宅进行改造扩建，从各地聘请能工巧匠，在不违反传统礼制等级制度、不改变基本形制的同时，最大限度地提高了宅院的空间利用，美化了雕饰。在当时可谓引领了关中建筑的时尚潮流，为关中传统民居的区域多样性增添了浓墨重彩的一笔。

关中古民居是中国传统建筑文化的宝贵遗产，与人类的生活、生产息息相关。有的设计者、建造者、使用者集于一身，决定了它具有浓厚的民族特色和地方风格及强烈的民间审美特色等特点，自然纯朴，设计灵活，经济实用。它的诞生与发展，是与当地气候、地形地貌、

根据渭南民居实景
绘制　刘正涛画

根据合阳灵泉村民居
实景绘制　刘正涛画

资源和社会政治、经济、文化、心理、习俗等复杂多变的综合因素密
切相关的。

　　随着时间的推移和建筑业的发展，关中地区所拥有的本地域的建
筑文化内容，越来越丰富、复杂，便形成了独具特色的民居形制。其
中包括屋顶形式、大门方位、门的形式、窗的形式、房屋开间、住房
分配、道路设置、水塘设置等等。如果说关中独特的地理环境造就了
关中古民居空间、院落的独特构成骨架，那么关中地区独特厚重的民
俗文化则从侧面折射出关中古民居形制原朴、丰富、生动的建筑文化
内涵。

第七章　图说关中古时立石桩文化

阳春三月，一个春风和煦的日子，路边的杨柳已发出鹅黄色的嫩芽。我和好友驱车来到关中东北部合阳县一处靠近黄河的古老村落——灵泉村。

单从名字来看，这可能是一个不同凡俗、人杰地灵的地方。来到村里，首先映入眼帘的是一道厚重的黄土夯筑城墙和一孔保存完好、青砖碹筑的城门洞。穿过城门洞，行走在灵泉村的村街上，首先看到城门街边斑驳沧桑，却依然不失雄伟的关帝庙，以及飞檐翘角、精雕细刻的祠堂门楼。在东西走向的后街，有几栋古民居大宅矗立在村街两边，厚重沧桑，保存完好，墙体上有精美绝伦的砖雕。在村子北街，被一栋磨砖对缝、装饰考究的老宅所吸引，放眼望去，高大街房的飞椽檐口和灵动凝望苍穹的脊兽给人以强烈的心灵震撼。首先映入眼帘的是街房门前踏步两边摆放的上马石和大门左右栽立的桩头雕刻有胡人驯狮子形的青石立桩，遗憾的是这对石桩桩顶雕刻虽不失灵动精美，但人物已残损。

细心观察斑驳沧桑、雕刻精美的立石，其为坚固耐磨、高约 2 米的整块石灰岩石（青石）雕琢而成（在关中其他区域也用当地所产的

根据合阳民居实景
资料绘制　刘正涛画

拴马桩
澄城县博物馆藏　作者自摄

砂岩石雕凿）。

　　旧时在关中地区广阔的乡村大地上，遗留有大量被民间百姓称为
"看桩""花桩""拴马桩"的立石。那些散布在各地雕饰考究、有
繁有简、形式各异的立石，除少量有其他用途外，绝大多数是古时关
中地区大户富裕人家拴系骡马所用。

　　在实际的调查过程中，常听一些收集古玩的人士讲，在改革开放
初期有难以计数的各类石桩，散布在渭北农村各地，尤其是韩城、合阳、
澄城、蒲城、白水、富平、大荔的乡村古宅，都有丰富的拴马桩遗存。
后因各种原因流失殆尽，现今在原生地已极难觅其踪影。

　　要想一窥拴马桩的原貌，在素有"拴马桩故乡"的澄城县博物馆，
可看到澄城的一些有识之士早期收集到的品相完好的七百多根拴马桩；
在西安南五台山下的关中民俗艺术博物院，保留有品相完好、雕饰精
美的各式拴马桩八千多根；西安美术学院也收藏有上千根拴马桩。在

拴马桩
澄城县博物馆藏　作者自摄

拴马桩
西安美术学院藏
作者自摄

改革开放初期，一批远见卓识之士，出于一种情怀和责任，本着保护和研究之意着手收藏了这些拴马桩文化标本，并把这些拴马桩成批栽列在大院内，供喜爱这些石雕艺术的人欣赏，也为保护厚重的关中文化遗存做出了巨大贡献。

这些收集到的历代石桩精品，给有志于研究关中地区栽立石桩的历史及蕴含其中的民俗文化的人士提供了重要的平台和难得的实物依据。这些千姿百态、数量众多的拴马桩列队汇集，被专家学者形象地称为关中大地上的又一"地上的兵马俑军阵"奇迹。

面对散落于关中各地难以计数、形态各异的拴马桩，人们也许会有疑问。难道这些花费大量资财所雕刻的石桩，仅仅就是为了拴系骡马吗？带着这样的疑问，我开始有意地收集和查阅大量与拴马桩有关的资料，并多次和喜爱收藏的友人交流，渐渐解开了隐藏在拴马桩背后的传统民俗文化密码。

在长期的调查和综汇起众多的拴马桩信息后发现，关中旧时在大户人家门前所栽立的那些形态各异的石桩并不完全是为了拴系骡马所用，还具有其他的深刻祈义。为了更直观地说明这些各式石桩的文化背景和内涵，根据雕刻的题材和在实际生活中的使用功能不同，现把这些种类繁多的石桩粗略地分为以下几类：望桩（望柱）、拴马桩、看桩（花桩）、镇桩。

望桩

关于关中地区被老百姓称为望桩的石桩源出的历史背景，有专家认为民间望桩的使用起源于石华表，因为古时石华表也被人称为望柱。

据史料记载，石华表是古代帝王用以表示其接忠纳谏的象征。远

唐睿宗桥陵石望柱

石望柱残件
三原东里堡唐园藏

民居石望柱
西安博物院藏

民居石望柱
关中民俗艺术博物院藏

在尧舜时期，就在各交通要道、衙门口设置一些木柱，让人们提写批评意见和建议。《淮南子》载："尧置敢谏之鼓，舜立诽谤之木。"故而，华表也叫恒表和谤木。封建统治阶级的最高代表帝王，为加强专制政权，稳固统治，于是立能显示褒扬帝王虚心纳谏的华表。这种华表渐渐演变成为一种象征意义的装饰符号，作为宫殿建筑和皇帝陵寝的标志性构件，其质地材料由最初的木质变为后来更加结实耐腐的花岗岩石质。

唐代封演《封氏闻见记·羊虎》载："秦汉以来，帝王陵前有石麒麟、石辟邪、石象、石马之属，人臣墓前有石羊、石虎、石人、石柱之属，皆所以表饰坟垄，如生前之象仪卫耳。"其中的石柱就称望柱。

唐代诗人刘禹锡望楚平王坟，赋诗有"陌上行人看石麟，华表半空经霹雳"。《辞海》释：农历每月十五左右，日月相对曰望；为乡党所推重之姓曰望。望族即贵族。古时名门望族有立望桩的旧俗。

至今在关中大地上，可以见到众多皇家陵墓神道左右、碑亭前皆设华表，象征皇权威严的纪念性石雕。华表是家族和主人身份高贵的对外标识。

元代时，统治者废除了唐宋官宅门侧列戟的旧制。

元时的统治者为北方草原游牧的蒙古族人，相对于关中地区的农耕民族，受到封建礼制的束缚相对较弱。这一时期无论是陵墓建造还是民居宅邸建造，上至军国大臣，下至普通官员、乡绅富户，在攀高附贵、矜势炫富的心理驱动下，仿效华表形制，做望柱，立于家宅门前，以彰显门第，"表厥宅里"。这就是至今还能在关中大地上看到许多体量高大粗壮、雕饰华美、被人们称为望桩的石桩的主要历史缘由。

拴马桩

拴马桩因图样雕饰繁多，实用性强，融入的民俗文化题材丰富，内涵深刻，故在关中地区豪门大宅栽立数量最多。

拴马桩在关中大地的出现和被广泛使用有很深的历史文化背景。有学者认为拴马桩是"中国北方农业文明的精神图章"。《庄子·天道》语："朴素而天下莫能与之争美。"拴马桩暗合了老庄的艺术哲学思想，是我们认识朴素美、自然美的杰出代表。《易经》中讲："关乎天文，以察时变。关乎人文，以化成天下。"拴马桩为中华民俗文化大观园的重要一分支，具有典型的地域民俗文化特征，是与农耕文明密不可分的。

关于早期拴马桩的图形，能看到较直观的实物资料，有历代的绘画作品，传世的有唐代韩干的《照夜白图》，此图绘有唐玄宗珍爱之白马，不甘被缚于立桩，做奋力挣脱状的情形。此桩为多棱柱形，有固定铁环，平顶无饰。这是目前所能见到最早的有关拴马桩的图像资料。

唐韩干《照夜白图》
（局部）

北宋佚名《百马图卷》
（局部）

　　另一传世名画就是北宋时期绘制的《百马图卷》。此图绘有拴马桩十三个，高2米有余，桩身圆形雕饰呈现棒槌状，形似唐式楼阁栏杆的望柱式拴马桩。图中描绘给官家饲养马匹的驭马人具有典型的胡人特征。

　　元代任仁发的《九马图》，绘有槽头两边的两根六棱立桩，柱顶饰仰莲及槌状团云，细看其形状基本上接近现今关中渭北地区拴马的石桩。

　　三图所绘皆官方规制，造型由简而华。可见元代以前的拴马桩，与立置于现今古民居门口、桩身雕饰有吉祥图案、桩头以胡人驯狮者居多兼有其他各类图形的拴马桩有很大的不同。

　　就此推测现今遗存于世、桩头有繁杂雕饰的各式拴马桩，应该是元代出现的。历史上元朝统治陕西时，在关中地区实行军事封建制度。

　　史载：元初的行省与金末的行省性质基本相同，都是为军事行动需要而临时设立的。元朝军队依十进制，编组为十户、百户、千户，"上马则备战斗，下马则屯聚牧养"。这给具有实用性的拴马桩在关中大地广泛使用提供了空间。

　　细观关中地区拴马桩桩头雕饰，为什么以石雕狮子、胡人驯狮为多？这是因为狮子自汉代传入中国后，就一直被神兽的光环所笼罩。在雕刻题材上，狮子就成了最为广泛的表现形式。在两千多年历史文化长河中，石狮在中国大地上一直被国人作为神兽、灵兽、吉祥兽，所在之处，上至皇宫，下至官衙、寺庙、民间宅院，甚至陵寝墓地，皆起着重要的驱邪、降瑞、镇守作用。石狮是中国官文化的代表性符号，也是祥瑞文化的特殊符号。

随着时间的推移和社会的发展，狮子由皇家慢慢走进民间，受到国人的尊崇和喜爱。人们雕刻狮子不但用于镇宅和守门，还认为能祛恶辟邪，保佑人类平安。民间流传狮子还具有一神力，就是能保佑牲畜平安，古人认为能驱镇邪秽的狮子，一定能使性烈牲畜远离邪魔的袭扰而槽头安稳。

在汉朝张骞凿通西域后，陕西关中先民与西域的各少数民族，进入了长时间的交流、交往和相互融合期。

历史上，战乱颇繁，几经动荡分合，各民族的大融合历程漫长而复杂。晋、唐之间氐、鲜卑、突厥各族与处于"王化之地"关中地区的汉族接触频繁，经过经商、迁徙、杂居、通婚，其由游牧生活渐进为农业定居生活，并慢慢接受以儒家思想为主体的汉文化，改用汉姓，有的逐渐被同化。

关于胡人驯狮的形象，这里的"胡人"是泛称，可表示自汉代后，来自中亚、西域诸部的少数民族。例如匈奴人、乌孙人、月支人、古波斯人，以及大唐盛世不断来自西域的突厥人等，都被中原人统称为"胡人"。这些来自异域的胡人以善养、驯驭马匹而闻名于世。汉代的"天马"、唐盛世时期品质优异的"御马"大多数来自西域上贡。甚至皇家御苑所养马匹、官家养的大量战马，都曾招募胡人来驯养。狮子和优良的马匹都是由西方传入东土，以农耕立国的汉人无形中对极善豢养、驯驭马匹的胡人超高的养马技艺产生敬佩之情。这也是流传众多的唐代绘画作品中大量出现胡人养马人的原因。

有的民俗学者认为，拴马桩出现众多有关胡人驯狮、胡人献宝的桩头题材的原因，是自汉、唐以来大量的胡人来到中原，为了顺畅地交流、经商、易货，胡商常给统治阶层进献各类奇珍异宝。民间流传胡人不但有神奇的养马驭马术，还多有异宝。现实中关中地区历朝有大量胡人定居。在漫长的历史进程中，外来文化与当地农耕文化杂糅共生，形成了关中地区典型的具有世俗意义的民俗文化心理和审美习

宋《五马图》（局部）

元《九马图》中槽头桩

韩城党家村民居门侧
碌碡形状的拴马桩
作者自摄

惯。这些因素影响了关中民宅前拴马桩的艺术表现形式，这成为关中
地区特有建筑民俗文化符号的具体体现。

　　古时西域及北方游牧民族的原始信仰，以崇信萨满教为主。在现
实生活中，这些草原游牧民有敬畏天地自然的旧俗。如匈奴人就有以
一丈多高象征天神的金人（偶像）祭天的习俗。

　　《南齐书·魏虏传》载：北魏拓跋氏祭天，"立四十九木人，长丈许，
白帻、练裙、马尾被，立坛上"。鲜卑有"铸像卜君"之俗。突厥有
立石人志功和将送葬者雕像立于墓前的习俗。后来有北方少数民族，

合阳灵泉村民居门侧
胡人驯狮拴马桩
作者自摄

来到群居相对集中的渭北土地上，深受儒雅礼让的民风熏陶，游牧人固有的勇敢、质直、粗犷、浑朴的气质也并未消失，生活中刻木、铸金、雕石制作偶像的胡俗遗风仍被传承。进入农耕生活的游牧人中的民间雕工，本能地以胡人形象反复重现于石桩，这种"集体无意识"的行为，在关中大地上，促进草原与农耕两种不同文化的融合，催生出了一种民俗文化现象。

唐代后期，国家整体实力进入漫长的衰落期。中原地区长期遭受战乱，民不聊生。老百姓生活十分困难，所赖以为生的生产大畜骡、马、牛，如遭遇瘟疫，主家将面临难以为生的窘境。这就使老百姓产生对历史上汉、唐盛世百业兴盛的向往，对那无比强盛的伟大时代有深远的眷恋之情。处于困难时期的人们，从对先祖盛世的追念中找到精神的寄托，潜意识中将具有神力的胡人驯狮造像雕刻于石桩上，寻求"槽头畜旺，化疫为吉"的期许。

民间拴马桩石刻中表现形象最多的是狮子。拴马桩上面的狮子作为重要的装饰物，有的单独出现，有的融合其他元素出现。

关于肩上架鹰的胡人形象，笔者认为这些图形传递出的信息，可能与中国北方的蒙古人和女真人有关，因为这两个民族都有崇拜和驯养海东青或苍鹰的历史传统。尤其是主导清王朝达二百多年的满族人，先祖是辽金时期的女真人，满族继承着女真先祖崇拜鹰和驯鹰的传统。这就可以为在关中石桩上出现民间称"鞑子驯鹰"或胡人架鹰或桩头立鹰的形象找到答案。

拴马桩桩头题材除狮子、胡人驯狮形象最多外，还有猴子形象。猴子在民间传说中，妇孺皆知的就是《西游记》中的齐天大圣孙悟空了。在孙悟空大闹天宫后，玉皇大帝给孙悟空所封的官职就是"弼马温"，这与"避马瘟"谐音，用猴子形象做拴马桩桩头雕刻，出于老百姓辟邪镇疫的心理祈愿，他们认为用猴子做桩头雕刻，能避马瘟并有保障牲畜安全的作用。

在民间，国人深受儒家思想的影响，多视仕途为唯一正道。读书可以实现入仕、修身、齐家、治国、平天下的崇高理想。在拴马桩上大量出现的猴子形象，暗喻庄户人家"马上封侯"的愿望，这是他们的最高理想和最高追求。大猴子背上雕有活泼可爱的小猴子，寓意为"辈辈封侯"的祈愿。

中国是桃的本土故乡，汉代张骞出使西域开通了中西文化交流的命脉，使桃远传及波斯，后有八十国广泛种植，后来就有"桃李满天下"之谓。在民间，桃木有辟邪的寓意，明代李时珍《本草纲目》中记载"桃……味辛气恶，故能压伏邪气"。在今天，民间宅院门扇上仍用桃木辟邪，因桃木有气味，邪恶对这种气味很害怕，在民间一直广为流传。

桃形象在拴马桩桩头题材中也常出现，民间有"猴子捧仙桃"拴马桩，尤多单独的"大寿桃"拴马桩。中国传统文化崇尚"繁衍""长寿"，寿桃是长寿的重要标志。这类题材也很有代表性，在一根拴马桩上，雕刻桃的造像，暗合了人人追求健康、追求长寿的期望。

仅凭拴马桩的桩头雕饰多以狮子、胡人驯狮、猴子、寿桃等为雕刻对象，就不难明白这是借助多种传说中能消灾避祸物种的神威，以起到震慑邪魔的心理祈愿。中国古老的驱邪禳灾、祈福纳祥的民间信仰和心理习惯都可在这些家宅门前的立桩上体现出来。拴马桩上所雕饰的各类主题，都有各自不同的寓意。如"胡人驯狮""独立狮子""寿桃""猴子背猴"等等，难以计数的表现形式和雕刻手法，正是这种心理的集中体现。

胡人驭狮架鹰拴马桩
关中民俗艺术博物院藏

关中拴马桩遗存多胡人驯狮的题材，民间还流传古时的大户人家，请民间雕工将胡人驭狮形象置于石桩桩顶，立于大门口，有着特殊的时代背景和历史渊源。在关中农村，对拴马桩比较熟悉的当地老人，知道很多传统的叫法，如"狮子背回回""番子人人儿""八蛮进宝""鞑子看马"等。关于每一种形象，他们都有很多说头、很多讲究。

据专家判断，胡人驯狮或狮子背回回式雕像起源于唐末，元代开始在民间流行。这类雕刻的人物形象特征很突出，深眼窝，高鼻梁，大络腮胡子，头上缠着长布。除了桩头雕刻，根据拴马桩桩身、桩颈浮雕也可判断出其产生的具体年代。这些浮雕除一般的花鸟竹石之类外，表示吉祥如意的"垂莲柱""如意头"是两种最常见的装饰图样。史料载，"垂莲柱"最早见于辽金时期。据学者考证，拴马桩初现于金元，流行并大量出现于关中大地为明清时期。

清末以后，在关中地区曾出现很多拴马桩仿制品，大约因为汉胡杂居，民族融合，所以雕像上的胡人形象有了汉人的影子。

关中地区的拴马桩在初始栽立时是非常讲究的，现实生活中这些石桩在使用时分别栽立在民居建筑大门外的左右两侧。

古时针对不同样式的石桩，主人会请人根据主人的命理和大门所开方位选择合适的位置栽立。通常情况下，东四门楼的栽立在大门的右边；西四门楼的栽立在大门的左边；大门居中的栽立在左右两边。

流传于关中大地的立桩雕刻形式，都是丰富的来自现实生活和中国传统文化的内容。人们选取这些题材作为表现形式，大都采用圆雕方式，在不到一尺见方的石桩桩头上，雕刻出复杂的形象，表现出别致的情趣、故事、传说和信仰。这些立桩堪为民间雕刻艺术的经典体现，巧妙融合地域特色和时代风格，构思布局奇特新颖，手法娴熟灵活，从侧面真实地反映了中国人千百年来祸福不定的生活以及由此产生的独特心理和审美。人们把精心选定的各类题材雕刻在各式立桩上，起到了实用、审美、祈愿和对美好生活向往的多重作用。

栽立拴马桩，很重要的作用是装点建筑、迎宾、炫富、镇宅辟邪、彰显社会门第等级等，同时也为了实用，拴系骡马。隐秘的心理作用是寓佑马、骡或驴等牲畜，槽头兴旺，及至六畜平安。

综上所述，这些形态各异、仪态神奇的拴马桩遗存和民居宅院门前的上马石、石狮子、抱鼓门枕石等物件在漫长的历史长河中不断演变和完善，成为关中渭北地区民居宅院建筑中颇具地域民俗特色的不可缺少的标志性文化符号。

狮子桩头拴马桩
西安美术学院藏

辈辈封侯拴马桩
关中民俗艺术博物院藏

辈辈封侯拴马桩
澄城县博物馆藏

马上封侯拴马桩
关中民俗艺术博物院藏

胡人驭狮拴马桩
西安美术学院藏

胡人驭狮拴马桩
西安美术学院藏

胡人驭狮拴马桩
关中民俗艺术博物院藏

胡人驭狮架鹰拴马桩
关中民俗艺术博物院藏

胡人架鹰拴马桩
关中民俗艺术博物院藏

辈辈封侯拴马桩
关中民俗艺术博物院藏

花果山猴王拴马桩
西安北院门高家大院

胡人驭狮架鹰拴马桩
关中民俗艺术博物院藏

八蛮献宝拴马桩
西安美术学院藏

人物抚琴拴马桩
西安美术学院藏

看桩（花桩）

　　在旧时关中大户民宅前,还少量栽立一种体量较大、个头较高、桩头雕刻图案精美的石桩。这类石桩的栽立并不是为了拴系骡马,而主要是为了表饰门第、增加住宅建筑的气势、镇宅祈愿等。根据遗存的这类石桩题材来看,宅第主人是根据主人的五行所缺,用栽立石桩来做以镶补。如宅第主人长期无法得到继承家业的子嗣,主家会雕刻一根有关"送子娘娘"的看桩放在理想方位用来祈愿。有祈求长寿的,就雕刻繁复寓意吉祥组合类题材,诸如"麻姑献寿""抱子归山""胡人驭狮献宝"等。

看桩
澄城县博物馆藏

三面胡人驭狮看桩
三原民间藏

胡人驭狮看桩
关中民俗艺术博物院藏

好事不断胡人驭狮看桩
关中民俗艺术博物院藏

镇桩

关中民间有栽立镇桩的习俗。栽立镇桩时，主家会请人根据家宅的布局和方位选定栽立位置。在关中几乎所有存世的镇桩，只要后人没有随意变动移位，竖立方位多不相同，而且立桩人家所立桩数不等。石桩是依附于乡村民居建筑大门旁的附属雕刻，属于建筑外部空间构成的一部分。它不单纯是为拴系骡马而设立，其内藏的深意实际上有宅主隐秘的祈福镇宅的心理意愿。

在封建社会，科学相对不发达，生产力水平相对低下，人们文化思想有一定的局限性。面对人力无法控制的天灾人祸，人们产生消灾避祸、求吉祈富的心理，从而在民间产生了独特的辟邪禳灾文化。

前文也说到，关中地区很早就流行以地理环境为依托，以阴阳、五行、八卦理论指导的民居建造文化。结合渭北农村遗存的石桩，观察其方位布置，其镇宅用意明显。

自古以来在中国有用灵石镇宅的习俗。民间传说用东岳泰山的石头作为镇桩，用于镇宅之物比较灵验。在现实生活中就能见到在镇桩的桩身上雕有"泰山石敢当"的铭文。

旧时关中地区，有些地方的名门望族、乡绅巨贾，皆有在门前、巷口、村头立石"止煞"的习俗。依此说察看渭北农村，凡街门南向者，石桩必立于右侧。澄城县有大户南向宅邸右侧立四个一排，俨然卫兵森列。凡街门北向者，街门左右多对称立两个石桩，因应"左青龙，右白虎"之说。

在佛教盛行的元代，大门两侧栽立石桩好似佛寺山门的护法金刚，俗称"哼哈二将"，守卫家宅人主平安。澄城县南酥酪村连若祖家门前左右立一对"八蛮进宝"石桩，即是实例。凡街门东向者，门前左侧多立石桩；门西向者，则左右多不立石。在石桩遗存较多的渭北乡村，当地老百姓虽说不清立桩原委，但大多数人认为是宅院大门的镇物。

狮子镇桩一对
关中民俗艺术博物院藏

镇桩一对
西安曲江唐苑藏

泰山石敢当镇石
韩城私人藏

第八章 漫话关中民居的门文化

关中古人对宅院的建造十分考究。可以说大多数人，为了建造一座称心的宅院，会倾尽一生的财力来完成这一理想。

古时有关建宅的重要性，《黄帝宅经》序言就明确指出："夫宅者，乃是阴阳之枢纽，人伦之轨模。非夫博物明贤，未能悟斯道也。就此五种，其最要者唯有宅法为真秘术。"

随意走进任何一家关中的宅院，首先扑入眼帘的是这个院落的出入口。而其最为重要的地方就是门。无论是大户人家还是寻常百姓，都会把门置于宅院建造的首位。

有学者在文章里把人类民居建筑里门和窗的使用，说成是人类对于自然的胜利。最初先民是把门作为一种进出、防护用具，在洞居或者巢居时能作为一道屏障，在蛮荒的自然界划分出一块完全属于自己而不受其他动物袭扰的静地。随着时间的推移，先民尝试在墙上开窗则是为了把自然界的阳光和空气引进居室加以利用，在晴朗舒适的白天便于采光和通风。

纵观关中民居的发展史不难发现，早期先民使用房屋的门和窗，是由简易逐渐过渡到繁复的。

两千多年的封建王朝发展到明清时期，门窗文化达到了前所未有的高度，制作工艺、雕刻的花纹样式等已相当成熟，在世界建筑之林因其独有的东方文化特点和建造技艺独树一帜。这时民居的门和窗不再单纯作为简单的建筑构件使用，而是被赋予神秘的且具有深厚的民族民俗文化内涵的制式建筑符号。

古时关中人建造宅地，非常注重"气"在宅院内的利用，并有完整的理气学说来指导宅院建设。人们在实际建造时，一座院落的主宅相对会形成"气场"。有经验的建造者能充分考虑气流的集散与流通，通过对厅堂、廊檐、门窗的合理布局，使内外气流不受阻隔，相互贯通一起，形成一个循环的"场"体系。一年四季虽节候多变，合理的建筑布局能使整个宅院气息相通而生生不息，而院落的大门则作为"气口"的总源。

关中平原地区的古代民居建造，深受唐宋以来流行的"理气派"学说影响。这与曾广泛流行于我国各地的"形势派"学说有很大的不同。

根据潼关老城民居门楼
实景绘制 刘正涛画

《相宅经》卷一载："宅之吉凶全在大门……宅之受气于门。犹人之受气于口也。"所以关中民居特别讲究门的建造。一座民宅最为重要的功能部分除有实用居住的建筑外，其着眼点就是门。

自古以来，中国人对独立的单体门建造非常重视。传统宫殿、寺庙建筑属中国木架构体系建筑之列，而木架构建筑的门可划分为两种：一种是作为组群和庭院出入口的门，如宫门、山门、牌坊门、宅门、院门等，这些门自身独立呈单体建筑形态，也称为"单体门"，如关中民俗艺术博物院收藏重建的三孔道赵家门楼。另一种是作为殿屋堂房出入口的门，如板门、隔扇门等。

秦代以后，皇帝住的宫殿门谓之"宫门"；王公贵族的宅第门叫"府门"；百姓的居所门只能叫"家门"。皇宫的门多建造得高大森严气派，黄铜制作的大门钉八十一枚排列为九行九列。

严格的等级制度统治中国两千余年。周以后，门成了尊卑、贵贱的重要标志。周礼确定了维护周天子地位的伦理准则和礼乐制度，讲的是上下有别、尊卑有序。之后，周礼被历代传承，反映在政治、经济、社会的各个方面。建筑制度也是等级森严，被纳入"礼"的规范。唐代的《营缮令》、宋代的《营造法式》、清代的《工部则例》就是规定社会各级阶层修筑宅院的法律规范。

根据合阳民居门楼
实景绘制　刘正涛画

根据三原柏社民居
门楼实景绘制 刘正涛画

古时门户，在三千多年前的殷商人心目中是极为神圣的。那时王宫里流行五祀，五祀即在不同季节、不同地点所举行的五种祭祀，意在顺阴阳、调五行。具体为：春祀户、夏祀灶、中央祀中室、秋祀门、冬祀井。室门为户，春属木，阳气出。户为人出入之所，所以春天要祭祀室门，以纳阳气入室。宫门为门，秋属金，阴气出。所以秋天要祭祀宫门，意在杜绝阴气入宫。因此，建造宫室时安门和祭奠、置础一样，是同等重要的事。

殷商王宫的安门仪式非常隆重，仪式上五六名手持兵器的强壮武士为祭门献身，作为牺牲品被埋在门的两侧或当门处，成为魂绕门户的护卫之神。

公元前 10 世纪，周朝出现了《易经》八卦，故《易经》又称《周易》。周人用卦象测选建宅造门的吉位，成为一种时尚。宅地最好选在山水聚合、藏风得水之处。宅内之气，由门吐纳，门如气阀，控制着气流循环。因此收地气时要兼收门气，地气门气都旺，方可得大福。

在现实中，受地埋、自然条件等因素影响，乡村民居大多坐向面南背北。但是对平原地区镇堡或城市居民来说，因受街巷方位划分的影响，所有的民居大门不可能开在一个方向，而是不同的方位皆有。针对这一问题，历史上就出现许多有关民居定向的观点。

北方居民大门多在院子的东南角或正南面，有"坎宅巽门"的说法。"坎"代表水，基向北。据此中国北方民居正厅、官府衙门、寺庙建筑多是坐北朝南。古人常说："天下衙门朝南开，有理无钱莫进来。""巽"代表风，基向东南。《易经·巽》讲，所谓"紫气东来"。

平时建房造门都有不能忽视的习俗。尤其是修建门楼时需选吉日，讲究"春不作东门，夏不作南门，秋不作西门，冬不作北门"。"门槛至少二尺四"，门的尺寸一般以五结尾，"五"有五福临门之意，门道要宽，即"街门二尺八，死活一齐搭"，讲的是门道宽度要进得轿子，出得棺材。

古人认为世界的构成，不外乎"天、地、人"三才。天地是人的生命源，打开大门能收天地之气，关住大门能聚乾坤之脉。门是联结与隔绝的闸口，门是纳福与收财的吉道，门是宅主地位的象征，门是历史的见证，门是大宇宙和小宇宙的界面。

门在关中古民居建造中不但承载着实用功能，还被赋予极强的社会功用和厚重的民俗文化内涵。面对任何一座古民宅，都可以从这座宅院大门的大小、门楼的形式、门槛的高低、门道的进深、门的颜色、门铺首、门枕石及雕饰牌匾等表象，解读出这户宅第主人的社会地位、学识修养、财富、宗教信仰等内在的综合信息。

流行于关中地区民居建造门楼的类型主要有以下几种：

一是独立式大门。

二是等级高的为整栋房屋五开间，取中式大门，其次为三开间取中的屋宇式大门。

三是民间多数把大门建在屋宇式街房的巽位或坤位等，常常占用一间房子建造大门，余下空间作为门道使用。

现实中受礼制等因素的影响，还基于主人社会地位的高低，将大门安装在街房房檐下。此情况根据进深多少分为檐柱门、金柱门、随檐墙门三类。这三类在关中的豪宅大院建造中都有不同程度的使用。

关中民俗艺术博物院
迁建赵家门楼
作者自摄

合阳灵泉村清代修建的屋宇式大门　门开南方　离火位　作者自摄

三原周家大院清代嘉庆年间修建的屋宇式大门　门开北方　坎位　作者自摄

　　四是如廊柱式、半山式、随墙式等较为常见的独立于屋宇的门楼形式。

　　流传于关中地区的门楼建造风格根据地域划分，样式也有很大的不同。如：流行于韩城一带的大门样式为独特的走马门楼，高大气派，通常和屋宇同高，民间形容屋门平时可走高头大马；流行于澄城一带的硬山门楼，砖雕繁复，气势宏大；流行于关中中部三原、泾阳、高陵一带的连山门楼和屋山门楼，别致精美，厚重大气。为了让读者直观地了解关中门楼的类型，以及关中不同区域门楼的文化内涵，特把多年来拍摄的门楼照片收录在此，以飨读者。

旬邑清代建唐家大院门　开南离位　作者自摄

泾阳清代建安吴堡民居　面南五间　门中开离位　作者自摄

韩城党家村村街民居走马门楼　刘亚军摄

韩城清代建民居走马门楼
门开东南　巽位
作者自摄

澄城清代建崔家槐民居
门开西南　坤位
作者自摄

富平老城冯志明故居
门开西北　乾位
作者自摄

根脉 · 图说关中古建筑民俗文化

泾阳安吴堡民居门楼
作者自摄

西安长安区民居门楼
作者自摄

澄城民居门楼
作者自摄

三原独李镇民居门楼　　作者自摄

永寿民居门楼　　作者自摄

铜川陈炉镇古民居门楼　　作者自摄

凤翔独民居门楼
作者自摄

旬邑唐家堡民居门楼
作者自摄

永寿民居门楼
作者自摄

铺首（门环）

铺首俗称"门环"。准确地讲，铺首只是门环底座，有了铺首衔环，才可成为一个完整的门环。如同门簪是用来固定大门、门钉是用来固定门板一样，门环是用来开关大门和叩门的装置，为一种实用物件。

由于门环处于与人眼同高的位置，即门户中最显眼的地方，也是整个大门最为重要的装饰和实用构件，因此宅院大门的铺首，在古时是权力、地位和财富的象征。

为了开关方便，先民随手用藤条或其他物件固定在门上，简单实用。后来，信奉鬼神的先民认为，用驱鬼怪的信物挂于门上能阻止妖魔，保宅护命。

有关铺首出现并形成的历史渊源，传说古时芦苇编的绳索能驱秽，于是夏代的先民用苇绳挂在门上驱邪，当时被称作"苇茭"，苇茭随之被赋予了新的用意，可以说苇茭是已知最早的门饰品。

再后来，铺首雏形开始出现。其由来有两种说法。一种说法认为是商代先民用螺首做铺首固门户的。《后汉书·礼仪志》中讲：殷商先民认为水中的螺蛳遇到危险情况，就把自己的头缩进壳中，隐闭不出，十分安全。所以门上用它的形象，可以避免祸害，杜绝门外种种污秽。另一种说法认为是被后世奉为木匠祖师的鲁班所创。《风俗通·佚文》讲：鲁班遇到蠡（相传是一种螺蛳，很有灵性），对它的形象很感兴趣，在蠡伸出脑袋时，他悄悄地用脚在地上画蠡的形象，被蠡发现缩回脑袋紧闭螺壳，始终不开。于是蠡（螺蛳）的形象便被搬到家宅门上，作为大门坚实保险的象征。

汉代铺首已不是螺蛳模样。从出土的实物看，汉代铺首的造型多为一种在商周时期很普遍的图案化兽面，即饕餮纹饰。《吕氏春秋·先知览》云："周鼎铸饕餮"。

饕餮，据说是尧舜时代的四凶之一（另三凶分别为混沌、穷奇、梼杌）。后来舜将四凶家族，赶到四方边远地区去抵御山林中害人的怪物，而使"天下如一"。这种以凶抵怪的做法，也许正是商周青铜器铸饕餮纹的缘由，而且影响到后世。所以汉代人开始在铺首上普遍使用饕餮纹，认为用祖上传下来的凶恶兽面做铺首，比起纤小

西汉青铜铺首衔环

唐代鎏金铜铺首衔环
西安博物院藏

唐神龙二年鎏金铜铺首衔环
乾陵博物馆藏

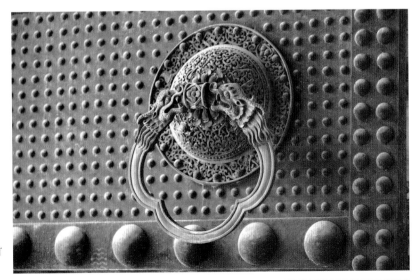

富平清代唐家堡城门铺首
关中民俗艺术博物院藏

合阳南长益村民居大门　作者自摄

关中民间的四种铺首

关中民居不同形式的大门铺首

的螺蛳更具有威慑力。

运用饕餮门环饰于门户，在汉代极为兴盛。《三辅黄图》记载，汉高祖刘邦于公元前2世纪建成的未央宫内，随处可见华丽的门扇上"金铺玉户，灿灿铮亮"。

唐宋时期，作为皇权和帝德的象征，龙纹装饰有了严格的等级规定，只有御用之物才能用龙纹。之后，有了龙生九子的传说。皇宫大门用的龙头铺首的形象，被认为是龙生九子之一的椒图。

铺首的使用，深受在中国延续两千多年的尊卑等级观念影响。门与门饰，代表着主人的权力地位，因此有很明确的等级规定。

明史记载：亲王府四城正门为丹漆金钉铜环，公主府大门为绿油铜环，百官第中公侯门为金漆兽面锡环，一品、二品官门为绿油兽面锡环，三至五品官门为黑油锡环，六至九品官门为黑油铁环。这就是关中众多古代民宅门都是黑漆或无漆的，门环均为铁制的原因。铺首的发展经历朝各代至今，经过不断丰富和演变，民间的铺首形状和图案种类变化多样，而大户人家和宫殿、寺庙有区别，但基本形状和功能并没有发生很大的变化。

门神

门神，顾名思义就是把守门户的神。古人认为用门神能防止鬼魅侵入家宅，保佑人们平静安宁。

周人信奉桃木能驱恶辟邪，便将桃木雕刻的偶人（桃木梗）挂在门上。这些偶人可能就是那些祭门武士。汉代出现了神荼、郁垒的名字。《后汉书》记载：汉代兼用夏、周遗法，用红色苇茭、桃木偶人，加上用五色彩笔书画神荼、郁垒形象或名字的桃木板，作为门户饰品。

《山海经》说：上古时候，东海度朔山上有一棵奇大无比的桃树，桃树东北有鬼门，为万鬼出入的门户。神荼、郁垒两兄弟居其门。如查到有害人的鬼，哥哥神荼用桃木棍将鬼打倒，弟弟郁垒就用苇索将鬼套住去喂老虎。

据说到了南北朝时期，神荼、郁垒二神才被称为"门神"。南朝梁宗懔《荆楚岁时记》载："岁旦，绘二神披甲持钺，贴于户之左右，左神荼，右郁垒，谓之门神。"

后来随着时间的推移，人们喜欢用自己熟悉的英雄、贤人等作为自己崇敬的门神。所以战国时的孙膑、三国时的赵云和关羽等百姓熟悉并敬重的英雄人物，都曾成为民间最受欢迎的门神之一。

到唐代秦琼、尉迟恭二将门神的出现，使门神的主体形象被长期固定下来，绵延至今已有一千三百多年时间。《西游记》作者吴承恩说道："他本是英雄豪杰旧勋臣，只落得千年称户尉，万年作门神。"

现今的中国，每逢春节时，家家户户张贴最多的仍是秦、尉迟二将门神。门神像花样繁多，除有二将站立像外，还有骑马或坐虎的像。他们的形象也越来越威武雄壮，衣着和武器、饰物也越来越丰富，内涵也越来越深刻，因此门神的作用不仅仅是驱魔除怪、祛凶辟邪，还带给人们更多的吉祥寓意。比如，秦、尉迟二将的头盔和脚下的云头靴，有祈盼前程似锦和地位显赫之意，因为头盔的"盔"与魁首的"魁"同音，魁首是科考中的头名状元，中状元的人必将前程无限；云头靴代表平步青云，此四字是古时形容升官速度快的常用说法，古人认为脚踏青云就能青云直上、升官发财。再如，秦、尉迟二将身上的战袍花纹有说法，秦琼为灵锁锦纹，尉迟恭为水浪纹，均代表幸福，寓意二人是送来福寿之神。又如，"福"字门神中的聚宝盆、钱币、元宝均代表招财进宝、发家致富。这些或许就是秦、尉迟二将门神被老百姓长期沿用经久不衰的重要原因吧。

关中民间还有一位很著名的门神钟馗。钟馗在百姓心目中是打鬼捉鬼的英雄，故敬为门神。但因为他是单神，一些地区的老百姓喜欢把他贴在后门，于是他便有了"后门将军"的美誉。

随着时代的发展，人们崇信门神的思想也不断发生变化，于是更多意义的门神随之出现。

如能赐高官厚禄、福禄寿长的神，即所谓的文门神，文门神中常有天官赐福、和合二仙出现。天官为天、地、水"三官"之首，号"赐福紫微帝君"。民间多以天官（福仙）、财神、寿星并列为福、禄、寿三仙。其中福仙最受百姓欢迎，因此年节时百姓家门上贴福仙神像的习俗最为盛行。后来，人们觉得大大的"福"字代表福仙神像更为便捷，于是有了"福"字门神。

而将"福"字头朝下倒着贴，据说与明朝的开国皇帝朱元璋有关。不解其意的人看到会连声喊："福倒啦！福倒啦！"引得大伙一阵欢笑，当主人说明是借谐音寓"福到眼前"之意而专门所为时，又会听到一阵欢笑，这一阵阵的欢笑给节日增添了喜庆祥和的气氛。

今天的门神作为一种文化现象，已成为中华大地不论乡村还是城市百姓家中不可缺少的春节吉祥符号。

凤翔虢王镇刘淡村马家大院
大门门笺、门神
作者自摄

潼关秦东镇民居大门 *作者自摄*

西安灞桥区张百万宅院门
春联、门神　作者自摄

凤翔民居院门春联、门神
作者自摄

凤翔民居院门门笺、春联
作者自摄

关中门楣斗格和匾额

在传统民居大宅中，无论是达官显贵、科举仕子，还是一般的读书人，甚至就连普通的平民百姓都喜欢在自家的大门门楣上，用牌匾或是用砖雕安装一块颇具文化内涵的匾额，用以表饰自己的名望、理想和美好祈愿。

关中地区历史悠久，地域广阔，民间文化习俗丰富多样，不同区域所形成的门楣文化内涵丰富，格调高雅，种类繁多，形制各异。

关中地区长期流行的颇具地域特色的门楣文化，根据表现形式分为

合阳南长益村古民居
门楣斗格　作者自摄

蒲城古民居二进院
月景门砖雕匾额斗格
作者自摄

门楣斗格和门楣匾额两种。一种常以砖雕、石雕、木匾与门框联体为主，并根据字数的多少划分为二格、三格、四格，甚至演变到今天流行的五格等，这种形式民间俗称"门楣斗格"。门楣斗格习俗流传久远、广泛，使用方便，相对较为简易，在关中地区旬邑、彬州、长武等地盛行。另一种多为题跋、落款。如皇家旌表主人的功绩，或是官员、名流人士勉励主人的名家题字匾额，这类匾额层级品位较高，经主人精心制作后独立悬挂于门楣上，显得气派不凡，此以名门望族使用为多。匾额，又称"扁额""牌额"等。东汉许慎《说文解字》说："扁，署也，从户册。户册者，署门户之文也。"可见传统意义上的匾额，即悬于门屏上的牌匾。匾额是古建筑出入口重要的组成部分，相当于古建筑的门面，是中华民族独特的门民俗文化精品，有着厚重悠远的历史。

几千年来，匾额把中国历史文化中流传的辞赋诗文、书法篆刻、建筑艺术融为一体，集书、印、雕刻、色彩之大成，以其凝练的诗文、精湛的书法、深远的寓意来述评人物古今，彰显精神。这种独特的文化习俗是中华建筑文化园地中的一朵奇葩。

关中传统民居匾额，从材质上说，有木质、石质、砖质，它的使用随着门框和建筑形式的不同而有差异。从色彩上看，木质匾额常有蓝底金字或金底黑字等，并配以相适应色调的边框，典雅庄重。这些匾额，形式多样，富于变化，对传统民居建筑既起到一种装饰作用，又达到画龙点睛的艺术效果，使建筑物生气盎然，意境深远，引人联想，令人深思。

关中民居门楣文化按其用途和内容大致可分为以下几种：一是表饰功名成就的，三字的如"进士第""副宪第""状元第"等等。二是寄托美好愿望的，如"福为平""吉庆有余""耕读传家""门臻

韩城党家村民居
走马门楼匾额
作者自摄

百福"　"天赐洪福"　"和气致祥"　"天祥云集"　"里仁呈祥"　"鸿福居光"　"五福临门"　"千秋照洪福"等等。三是自勉带有训诫意味的,如"宁静致远"　"平为福"　"和为贵"　"谦受益"　"恭俭让"　"淳厚率真"　"道德为本"　"清雅闲居"　"勤俭持家"　"明德长春"　"出蓝胜蓝"　"业精于勤"　"耕读为乐"等等。四是托物言志、憧憬美好未来的,如"竹报平安"　"鱼跃龙门"　"与竹居"　"平升三级"等等。五是抒发情怀、歌颂美好生活的,如"政通人和"　"人杰地灵"等等。

　　这些众多的门楣文化习俗,是关中地区独特的地域文化形式。因其内容多出自典籍或格言警句，具有贯通古今、富含哲理、意境高雅的强大文化生命力，至今在关中大地相沿不衰，成为中国地域民居民俗文化的重要组成部分。

澄城古民居两字、四字砖雕
门楣斗格　作者自摄

韩城党家村古民居两字砖雕
门楣斗格　作者自摄

三原段东堡屋宇式
大门砖雕门楣
作者自摄

凤翔虢王镇马家大院
二进院月景门石雕
斗格　作者自摄

铜川印台区阿庄镇
阿庄村古民居屋宇式
大门砖雕匾额
作者自摄

关中民俗艺术博物院
古民居四字砖雕匾额
作者自摄

根脉 ● 图说关中古建筑民俗文化

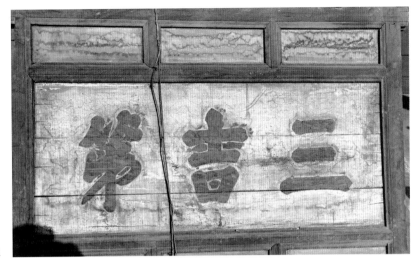

韩城走马门楼三字
木雕匾额　作者自摄

韩城走马门楼四字
木雕匾额　作者自摄

关中民俗艺术博物院
阎敬铭老宅四字木雕匾额
作者自摄

第九章　关中民居三雕文化

关中民居雕饰历史悠久，题材广泛，形式多样。它既反映着传统哲学、道德、美学等观念，又从侧面折射出关中地区的自然条件、民族渊源、宗教文化习俗以及当地社会经济发展的脉络和建筑风格的传承。同时也可映射出地域民俗、生活方式和地方文化的发展历程，是黄河流域特有的文化现象，是中国古代建筑重要的文化元素和灵魂，也是中国古代建筑文化不可分割的组成部分。

关中民居最具特色的就是各种雕饰，它是伴随着建筑装饰而产生，并依附于其上而存在的一种装饰工艺形式。主要包括砖雕、石雕和木雕等，被研究者誉为古代民居建筑"三绝"。

关中地区历代官宦富商在建造宅第时，并不追求建筑色彩的华丽和材料的名贵，而是将富含深意的文化题材作为雕刻工艺蓝本，来进行加工装饰。

关中地区民居雕饰题材类型主要包括祥禽瑞兽、植物花卉、人物神祇、几何纹样等。每种题材的纹样都蕴藏着深刻的民俗文化内涵，这些纹样大多通过比喻、象征、谐音、寓意等手法巧妙地传达出户主

关中民俗艺术博物院
三雕门楼　作者自摄

西安灞桥区张百万宅院
作者自摄

的美好意愿与祝福，以至"图必有意，意必吉祥"，皆具有特定的象征寓意。

民居雕饰是以建筑为载体，集雕刻、装饰为一体的艺术造型方式，是众多艺术形式中的一种。关中传统建筑砖、石、木三雕，表现形式、雕刻技艺虽然因使用的材质不同、使用的方位不同，但总体大同小异。雕刻形式技艺相同的主要有平面线雕、浅浮雕、深浮雕、圆雕、透雕、镂空雕等。

平面线雕是指用刻刀直接在材料上以线条为主要造型手段刻画出纹饰图案的雕刻技法。浅浮雕是通过雕刻使物体略微凸出于底面，在"偏"中呈现立体的雕刻技法。深浮雕是一种多层次、多深度浮凸起伏的雕刻手法。它能使物体具有明显的立体感，更能形象表达物体的逼真性与完整性。圆雕是一种立体雕刻手法。它实际上是一种具有三维空间的雕刻艺术，雕刻时，使物体的各个侧面都要显示出立体的形象来。透雕是一种将所雕物体镂空的雕刻手法，它通常只雕刻事物的外表面，即采用单面雕，将底子镂空，产生一种穿透的视觉感，具有浮雕的灵秀之气。透雕分单面雕刻和双面雕刻两种，常用于屋架、窗棂心、栏板、挂落等处。镂空多层雕刻则是一种工艺复杂的雕刻方式。它将镂空雕和深浮雕结合起来，表现物体除画面接触部位，其余部分都镂空雕刻，层次丰富，所雕刻人物、山水、亭台楼阁无不玲珑剔透，精彩绝伦。

砖雕

砖雕是关中民居最为重要的装饰手段之一。它以其精美的外在形式、丰富的内在意蕴，展现了东方建筑独特的韵味。先民在最初的不经意间，用泥土经火的焙烧完成了"质"的改变，在不经意间暗合了金、木、水、火、土的相生相克之道，用自然界赐予的土与水相合，制成泥坯，经火的烧制，巧借金属工具的雕凿，完成了五行相合的过程，使其所制作的建筑构件具有超强的实用性和人们心理上所赋予的特殊寓意。

砖雕艺术被称为民居的门脸，广泛应用于民居的大门、影壁、看墙、门楣及房屋的脊兽等重要部位。在艺术上，砖雕远近均可观赏，具有完整精美的效果。砖雕根据制作工艺和使用的部位可分为两类：

一类是以素泥制坯塑形、阴干，然后再通过进窑烧制、用水湮窑等工序制作的"软花活"。这类砖雕作品主要为脊兽、屋顶花脊、影壁心等。因此工艺是在泥坯上塑形，可重复处理，打磨光滑。经烧制后花纹表面密度好，不易吸水，能耐风雪甚至冻害，使用寿命长，特别适合北方的严寒气候。

另一类是用特殊工艺在烧制好的成品砖坯上，经过选材、放样、

蒲城古民居砖雕
二进院月景门
作者自摄

关中古民居看墙砖雕
作者自摄

打坯、粗雕、出细、猪血混合研磨的砖粉浆修补砂眼、打磨等过程制成的砖雕作品，老百姓称之为"硬花活"。

　　这两种工艺制成的砖雕作品各有优劣，也因加工工艺不同而有其独特的艺术魅力。

　　一件优秀砖雕作品的问世，是匠师用智慧、汗水和泥经火涅槃而生的，付出了常人难知的艰辛劳作。尤其是砖雕作品中的上品"硬花活"，需要进行一系列工序的操作：挖土、晒土、筛除土中沙渣，加清水和成稀泥，待沉淀后，再把表面清水泥浆过滤，接着放入另一池子，加水沉淀，经再次沉淀过滤后，排掉泥浆上的清水，待略干时用脚反复踩踏，直到踩成柔韧适度的泥筋，才可以制坯。制坯完成后，阴干才可入窑烧制。烧窑、洇窑大约需要七天时间。出窑后的砖坯经过选坯、粗磨、水磨，再挑选没有砂眼、没有破声、敲击声音清脆有金属质地的砖坯，才可雕凿出精美的花饰。

　　一件砖雕作品从准备到雕凿完成，先后需要三十多道工序。一窑合乎要求的成品砖中，大抵可筛选八成左右的雕砖坯材。

繁缛的制作工艺，加上深刻的文化意蕴，生动地体现了陕西关中地区典型的民俗美学思想，古朴而精美。

屋脊是屋顶砖雕重要的装饰部位。关中传统民居的屋顶形式主要是硬山顶，具有朝野分明、简单易行的特点。一般屋脊砖雕选择"软花活"脊饰。比较讲究的宅院这类脊饰是分段烧制的，分上下两层，下层为屋脊的基础，以横线脚装饰，上层为屋脊正身，镂空饰以多种纹样，最常见的有荷花、牡丹花等。屋顶的吻兽也是一种常见的"软花活"塑雕形式，它将各式沉淀了千年成熟完善的固定鸟兽雕饰安装于屋脊之上，具有观赏价值和驱灾祈福、标识名望的作用，达到了意与象的高度统一。

关中地区的屋面，主要是由小青瓦组合成具有韵律的仰式瓦阵，形成了很强的动感。瓦当、滴水在制坯塑制后，上面也雕刻有兽面、植物、祈福文字等图案，起到了独特的装饰效果，寄托了主人的美好愿望。

砖雕用于装饰墙面时，按装饰的部位分为火焰墙（封火墙、压檐墙、马头墙等）砖雕、檐墙砖雕、廊心墙砖雕、山墙砖雕、院墙砖雕等类型。廊心墙砖雕构图上，既有中心花加岔角花的规范样式，也有绘画式的自由构图。用在此处的砖雕装饰题材内容，包括人物、动物、花草、文字题跋以及各种寓意吉祥的纹样，如三原周家大院内东西两面看墙的砖雕分别刻画的是唐尧放象、大禹牧牛，其中的人物、动物以写实的手法雕琢得栩栩如生。

在题材上，砖雕常以龙凤呈祥、和合二仙、刘海戏金蟾、三阳开泰、郭子仪做寿、麒麟送子、狮子滚绣球、松柏、兰花、竹、山茶、菊花、

关中古建筑封火墙
和砖雕　作者自摄

民间艺人在制作砖雕
作者自摄

合阳民间艺人在制作
屋脊通脊筒
作者自摄

合阳民间艺人在塑捏
脊饰　作者自摄

合阳民间艺人在晾干
正脊成坯　作者自摄

脊坯在土窑内阴干
作者自摄

脊兽和正脊成品
作者自摄

荷花、鲤鱼等寓意吉祥和人们所喜闻乐见的内容为主。综合来看关中民居砖雕所雕刻内容大致分为以下几类：

人物神祇。此类题材表现内容丰富多彩，通常选择民间故事、神话传说、古典小说、名人轶事、戏剧等的某个场景或者情节来形成构图，诸如"三星高照""鲤鱼跃龙门""渔樵耕读""大禹牧牛""二十四孝图""看棋图""八仙图"等都在关中民居中有所体现，所雕人物生动传神，各显其态，质朴动人，多见福、禄、寿，也寄托着人们祈求生活幸福、风调雨顺、四季平安的美好愿望。

祥禽瑞兽。此类题材多采用寓意吉祥的图案，形象塑造上有着北方粗犷的风格，多用于影壁、墀头、门楼、门罩、雀替等部位。关中古民居的砖雕出现的动物图案有龙、狮子、大象、麒麟、蝙蝠、猴、鱼、松鼠、喜鹊、兔等，再有如"龙凤呈祥""二龙戏珠"等，寓意"官上加官""多子多孙""天长地久""福缘善庆"等。

花卉果木。此类题材一般采用二方连续、四方连续等构图手法，雕刻有很强的装饰和写实意味。植物形象有梅、兰、竹、菊、松、牡丹、藕、莲蓬、荷花等，整体装饰风格密集厚重，寓意兴旺发达、清正廉洁、刚直不阿、坚定不移和谦虚清雅的君子风度，成为人们读书处世、修身养性的行为准则和道德标准，也表达了主人对幸福吉祥、富贵长久的美好愿景的期待，以及超凡脱俗的品位和高雅心境。

图案符号。建筑所用的图案符号装饰纹样，一般都是经过高度简化、概括、提炼而形成的程式化图案，连续、重复地出现于建筑装饰中，具有吉祥的象征意义。关中砖雕使用的装饰纹样有云纹、绳纹、卷草纹、缠枝纹、竹节纹、花瓣纹等。

关中传统民居中砖雕的表现题材广泛，内容丰富，表达了关中人们对美好幸福生活的朴素向往和积极追求。民居建筑与宫殿、寺庙、陵墓、坛庙等建筑相比，在装饰内容上具有更为丰富的多样性，包含着更多的民俗文化。

各种图案纹饰在关中
民居门楼上的运用
作者自摄

杏坛讲学砖雕
关中民俗艺术博物院藏
作者自摄

春光双喜砖雕
关中民俗艺术博物院藏
作者自摄

空谷幽兰砖雕影壁心
关中民俗艺术博物院藏
作者自摄

阴阳鱼太极图砖雕影壁心
作者自摄

关中民居的墀头砖雕

关中民居的大房建造为抬梁式架构，有墙倒屋不塌的特点。正房两侧的山墙，则是硬山式建筑最为重要的承重和维护结构。整个山墙伸出至檐柱之外的部分，突出在两边山墙边檐，用以支撑前后出檐，人们把这一构件俗称"墀头"，关中民间也俗称"出头子"和"挑头"。

墀头在关中民居中表现为两种形式：

第一种是墀头部分在房檐之下、在山墙的檐柱以外起到挑檐的作用。民间匠师通常把这一部位制作成象鼻状，象在关中民间被尊为瑞兽，故而把建筑两山墙迎面的这一关键部位，制作成象鼻形，呈现出双象吸水状，而被赋予深刻的寓吉含义。老百姓因磨砖象鼻具有支撑作用也习惯称其为"腿子"。与磨砖象鼻紧密相连接的下部也是装饰的重点部位，因其装饰精美，所以喜称为"梢子"，古建术语称为"盘头"。

这一类型常见于关中地区民居的临街房，这类房屋的山墙是从房檐椽以下装饰，分为上、中、下三部分，上为盘头，中为砖砌上身，下为下碱（安装迎风石）。讲究的盘头装饰，根据住家的经济实力可繁可简，按照清式做法，分为上、下两段，上段用砖叠涩，层层外挑磨圆，制作成象鼻状，下装有砖雕。有些把装饰部分由盘头向下延伸，在盘头下继续装饰，有加一层须弥座的，须弥座的上、下枋和束腰上都有雕饰，还有将两层须弥座上下叠加，雕有亭台建筑，亭中雕有人物场景。

第二种是山墙伸出至檐柱之外的部分，突出在两边山墙边檐，用以支撑前后出檐，檐椽以上修筑一段高出屋檐口的墙。这段墙体部分，根据其具有防火功能，取名为"火焰墙""封火墙"。民间也称"压檐墙""女儿墙"。南方人因其形似马头故称为"马头墙"。在关中，因这种墀头墙寓有一步登天之意并兼具屋顶排水、边墙挡水和防火的多重作用，又因它处在建筑物的特殊位置，远远看去，像房屋昂扬的颈部，故房屋的建造者认为这部分是一栋关中大房最为出彩和提神之处。它在工匠繁复的雕饰下，犹如一顶庄重美丽的帽子，而精美的砖雕装饰就是帽子两边装饰华丽的锦鸡翎羽。

普通的关中合院民居，火焰墙和整个半边盖的左右厢房的山墙连成

封火墙山尖

盘头（梢子）

上身

下碱（安装迎风石）

关中地区的五脊四坡形
封火墙式墀头（出头）
砖雕　作者自摄

台明

整体，这种形式的火焰墙少有雕饰。

　　一般的墀头墙（出头墙）雕饰有一层、三层，结构繁复、档次较高的墀头墙可雕饰为五层。从侧面看，整个房屋两边墀头，从房檐台阶向上，可分为三部分。从正面看，山墙迎面墀头也分为三部分，同线的下碱、上身和盘头。两扇山墙的正面檐椽下的花式盘头在关中民居砖雕装饰中最为抢眼并能提升整栋建筑神气，是展示主家财力和品位的重点部分，所以一般墀头装饰的重点都集中在花式盘头部位。

　　墀头封火墙在民居建造中的功能和样式，在关中以西安、泾阳、三原等为中心，东府的渭南和西府的宝鸡也有不同的变化。在建造工艺上，会因主人的社会地位和经济实力，雕饰有繁有简，档次有高有低，可分为三级，档次最高的为三级封火墙，封火墙山顶有硬山式和五脊四坡的庑殿式顶，飞檐翘角雕饰繁杂，精美生动。上面雕饰皆是带有象征意义的图案。檐口下安装有繁复的砖雕斗拱和层层精美雕饰的花边线条，题材广泛，多为"喜鹊登梅""凤穿牡丹""狮子绣球"等

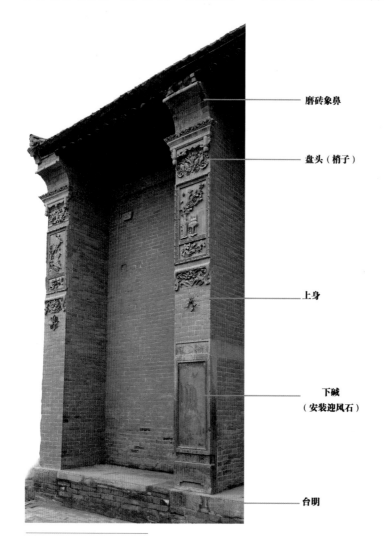

磨砖象鼻

盘头（梢子）

上身

下碱
（安装迎风石）

台明

关中地区西安、泾阳、
三原等地屋宇式民居
墀头（出头）砖雕
作者自摄

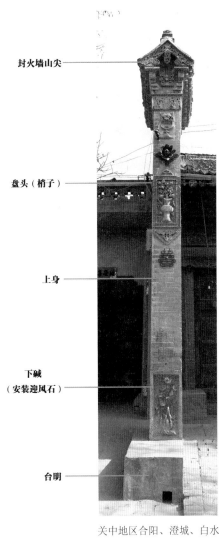

封火墙山尖

盘头（梢子）

上身

下碱
（安装迎风石）

台明

关中地区合阳、澄城、白水
等地悬山式民居一步登墀头
（出头）砖雕

作者自摄

磨砖象鼻

悬垂式盘头（梢子）

上身

下碱

台明

关中地区韩城的走马门楼悬垂式
民居墀头（出头）砖雕

作者自摄

寓意吉祥的纹样。封火墙的下部中间段为墙体，底为下碱部分，常装饰迎风石。

分布在乡村的普通民居，装饰简单，大多数是用砖或胡墼砌筑封火墙体，檐口部分用砖出沿外挑，顶部施贴普通灰瓦片。

关中民居的影壁

影壁是中国古代庭院建筑的一种墙壁式附属物，也是关中古民居建设中重要的组成部分，是传统建筑具有代表性的文化符号之一。

影壁作为有品级建筑物的重要组成部分，在人们平视的过程中起到屏障和从视觉上增加院落进深空间的作用，也有使路过行人不能直接窥视院内活动的隔离作用。来访的客人也可在影壁前稍事停留，整理衣冠，然后缓步入内以示对主人的尊重。在后来的发展过程中，尤其是影壁进入普通民居后被赋予了更深的民俗含义。

在实际生活中人们常把影壁也叫照壁，照壁也称影壁，二者相混。在长期的田野调查中发现，这二者是有区别的。有些民俗学者认为，在门内设置的为影壁，建筑大门前设置的为照壁。根据功能，主要起阻挡从外向内的视线作用的墙，目的是将院内建筑隐在墙壁背后，故称为隐墙，后又称影壁。相反，起阻挡从内向外的视线作用的墙，目的是将建筑罩在该墙里面，习惯上称为罩墙，后又称为照壁。

影壁是一种具有特殊功能的墙壁，是进出大门建筑物的配套附属物，流传于民间的说法认为，门内所建影壁能起到"隐"作用，门外

关中民俗艺术博物院上善若水照壁　作者自摄

关中民俗艺术博物院稷王庙前照壁　作者自摄

则能起到"避"作用，合称"隐避"，后来逐渐演变为影壁。

民间还有种说法，把独立修建在大门外或者门内的，人们进出都能看到，好似和来者进出打照面的这道工艺讲究的墙叫照壁。把进入民居能看到，出来时不再直接面对的叫影壁。不论民间称呼如何，二者的功用目的是相通的，为了叙述方便以影壁统称。

影壁的出现反映了一定时期的社会制度和风俗习惯，它的运用对美化建筑环境、提升建筑装饰的品位和艺术魅力具有重要的意义。

院内影壁的设置是按照宅院空间的比例建造的，往往尺寸不是很大，跨度和壁沿较浅，白天的阳光和静朗的月夜光影的变化在影墙上形成层次感丰富的诗意美感，别有情趣。另外，院落空间会因影壁的设立而变得深沉端庄，使来者有曲径通幽、别有天地之感。

史料载，影壁在西周时期就在关中大地上出现了。其运用也是分等级的。《周礼》规定，只有宫殿、官衙、寺庙建筑方可建造影壁。所以在中国现存的古代皇家建筑、庙宇和一些名山古刹中，可见到精美绝伦的由皇家烧造的琉璃构建的影壁。在民间也遗存有大量等级不同、制作精美的砖雕素色影壁等。民居中建造影壁最早见于汉代，到了宋代，影壁已是官员、地主、富商宅院中不可缺少的构成部分，其建造工艺、图案纹饰已相当成熟。旧时因受等级观念影响，官员、地主、富商宅院所建造的影壁则绝不允许用琉璃制品等，只能用素色材质修建。

关中民居的影壁，从功能上可分为门外影壁和门内影壁两种。门

富平孙丕扬宅鸿雁展翅八字影壁　作者自摄

外影壁通常坐落于宅院大门的对面，作为进出大门的第一道景观，是装饰的重点。关中民居的门外影壁以"一"字形和"八"字形为主，即平面呈"一"字形和"八"字形。"一"字形影壁设置多见于一般官宦、地主富商宅院及开中门的人家。"八"字形影壁又称为撇山影壁，分为正"八"字形和反"八"字形两种，限于等级较高的官宦人家院内、院外使用。这在关中民俗艺术博物院三朝元老阎敬铭故居中找到例证。门内影壁通常置于院内直冲大门处，此种影壁从建构形式上也分两种类型。一种是大门中开时，在直对大门方设独立影壁。另一种则是紧贴并借助厦房的房山建造影壁。大多数关中民居住宅的大门都设在一角，不论是东四位的巽门和西四位的坤位，一走进大门，迎面即对着偏厦房山墙，建筑师会巧借山墙设立影壁，这类影壁俗称借山影壁，亦称座山影壁。

影壁建造时，常常用青石条作为底座，然后做束腰，再砌青砖壁身、壁帽等。民间对造型"一"字形的影壁，取意有"上下一心，一心一意"等，对"八"字形的影壁，取意有"鸿雁展翅"等。

影壁的建造是关中民居院落中比较讲究的环节，影壁壁心的砖雕题材十分丰富。一般情况下影壁雕饰也是宅院建筑内砖雕面积较大的平面装饰。在遗存的众多古代影壁砖雕中，其雕刻手法多由浅浮雕、中浮雕和高浮雕的方式综合发挥，突出主题画面的形象。

具体到一座影壁上，可用十多种不同纹样的刻砖作品来装饰，包括清水墙、瓦顶、壁额、壁心、壁身和须弥座等部位。

　　影壁心是主体装饰部分，常见大多数为瑞兽麒麟望日图。但现实中还遗存有一种照壁绘"猰"，是明太祖朱元璋首创。照壁正中绘有一形似麒麟的怪兽叫"猰"，这个字不常见，就是反犬旁加贪婪的"贪"字。它是神话传说中的贪婪之兽，传说能吞吃金银财宝。从图案上可以看到，它的四周和脚下尽是宝物，但它并不满足，依然张着血盆大口，还妄想吞吃天上的太阳，结果太阳没吃着，却落得个粉身碎骨、葬身悬崖的可悲下场。

　　俗话说："人心不足蛇吞象，贪心不足吞太阳"，指的就是"猰"。在衙门影壁绘"猰"，意在警诫官员要以"猰"为戒，切莫贪得无厌。

合阳北王庄村古民居
借山影壁壁心砖雕
凤穿牡丹
作者自摄

此兽和麒麟近似，民居很少见，而是专用衙门官署，具有特殊的寓意和功能，那就是警示作用。

关中民居喜欢用青砖建造影壁，并在壁心和影壁底座做精美的砖雕艺术品，其题材根据宅主的喜好和学识修养，内容丰富多样，极富变化。最常见的多为吉祥图案，如"喜鹊登枝""五子祝寿""五蝠捧寿""松鹤延年""麒麟望日"，书法作品有"百字寿图"，素雕作品有"龟背锦""六边对花锦"，等等。

民居因少了官方建筑的束缚，所选用饰纹题材较为灵活、广泛，包括"福、禄、寿、喜"等吉语文字，以及寓意吉祥的人物、动物、花草等。如党家村影壁题刻大字"忠、孝、福"等，不仅有提升美化建筑空间的效果，还具有跨越时空对后人进行教化启迪的功能。

影壁不管是哪种形式，其建造方法都是相同的，常分为上、中、下三部分。下为基座（亦称下碱）；中为影壁正心；上为壁顶。壁顶做法有硬山式、悬山式、歇山式、庑殿等多种样式。在关中，民居以硬山式影壁为主。壁顶虽然面积不大，但讲究的都铺有筒瓦，中顶起脊，正脊安装有脊兽，垂脊安装有小兽，四角翘起，浑厚方正，犹如凤凰展翅般。壁顶檐下多用砖雕模仿木结构装饰，梁枋、斗拱俱全，十分精巧。壁心是整个影壁的核心，面积最大，影壁的砖雕图案也聚集安装在此。从布局上看，砖雕的主图居中，四角有花角图案砖雕。

在人类居住文明不断发展的演变过程中，影壁作为一种建筑文化符号，在特定的建筑环境中被凸显出来，成为古代建筑不可缺少的文化符号，极大完善和丰富了传统建筑文化。

白水某民居月洞门影壁
作者自摄

富平孙丕扬宅鸿雁展翅
八字影壁壁心砖雕贪婪兽
作者自摄

蒲城古民居借山影壁
壁心砖雕陈抟福字
作者自摄

石雕

　　石雕是古代民居建筑中的实用装饰性构件，在关中地区有着漫长的发展历史，曾被广泛用于宫殿、寺庙和民居建筑中。石雕作为关中古民居建筑的"雕刻三绝"之一，主要用于拴马桩、上马石、门枕石、柱础石、迎风石等建筑构件上，是传统古民居文化的重要组成部分。

　　石雕行业按照传统手工业划分，可分为大石作和花石作。大石作匠人被称作大石匠或者粗石匠，小石作匠人被称作花石匠。大石匠，主要加工各类条石及不同规格的各类毛石，用于民居的基础和房檐柱台明石、拾步台阶等部位。而技术含量高、为人们所看重的是花石匠，这些匠师仅凭常见的石雕工具錾子、扁錾、锤子、剁斧、刀子、哈子、墨斗及尺子等，面对从山中开采来的毛料，在不紧不慢叮当叮当的敲击声中，赋予石头以生命，呈现给世人一件件精美的花石雕作品。这些雕刻不需饰粉墨丹青，不借金玉，只以巧匠的智慧和双手便给朴实无华的石头赋予万千意蕴，与建筑构件完美组合，成为古代建筑最有艺术生命力、最能体现建筑意蕴的重要组成部分。

富平宫里镇石雕艺人
作者自摄

泾阳明代阁老牌精美狮子抱鼓夹杆石雕　作者自摄

上马石

古时关中地区大户人家通常在宅门前设两块巨石，从侧面看巨石呈"L"形，并经精细雕琢，刻有丰富的吉祥图案内容，专为主人及来往客人上下马使用，人们习惯称之为"上马石"。

这种上下马所使用的石雕物件在宅门前摆放时，按常理为上下马便捷，会把两块"L"形巨石朝着不同的方向岔开。但古时的官宦、富豪因心理上忌讳"下马"一词，所以摆放成一个方向，从正面看上马石的立面高大厚实，常雕刻有狴犴衔环等图案，显得神奇庄重。

关中地区最为常见的上马石，是一个具备两步台阶的石头，第一步台阶高约30厘米，第二步台阶高约60厘米。等级较高的上马石多为三步阶。作者曾在宝鸡凤翔区虢王镇马家大院拍摄时，发现了一块三级砂石岩的上马石，后来经朋友引荐，在三原一户藏家家里拍摄到了一座体型较大、雕刻精美的三级青石上马石。三原的周家大院存有关中地区唯一的一对雕刻精美的女子上马石。民间对上马石台阶数字也暗含寓意，一步为"一部到位"，三步为"三连升""步步登高""平升三级"等。

关中腹地的上马石石刻，大多数石质为青石，陕北和关中接壤的区域多数为沙砾岩石质，虽说石质不同，但相同的是这些上马石都有精美的雕饰、深刻的寓意。

对于上马石在明清大量设立的缘由，有人认为马、驴、骡是旧时大户人家代步运载的主要交通工具和耕作工具，加之清代满族、蒙古族等民族有骑马狩猎的祖习，清廷规定：满洲官员出门，无论文武，均需乘马，以不忘先祖遗风。清官员有前引、后从的定例，即主人外出时，奴才和仆从也要骑马，前呼后拥地跟随，即使后来主人乘车、乘轿，仆人也要骑马跟随左右。

上马石的设立摆放，一是为了实用，二是彰显富贵、荣显宅第等级和社会地位的一个重要标志。所以，达官显贵、豪门富户都热衷于在宅门的左右摆放雕饰考究的上马石。

明代束腰上马石（左）
三原民间藏
清代上马石（右）
咸阳博物馆藏
作者自摄

清代镂空狮子上马石
西安博物院藏
作者自摄

清代高浮雕三阶上马石
三原民间藏
作者自摄

三原周家大院内院清代
女子上马石　作者自摄

下碱石（俗称迎风石）

下碱石是指关中民居上房、街房或院内厦房的山墙下面和房屋地基结合部分，约为 1/3 墙身高。它既能保护山墙下部分砖筑墙体免遭风吹日晒、雨水侵蚀和风化，又能为宅院增添厚重感和美的感染力，是一种实用装饰性条石。

该条石通常是用质地良好地产青石，制作成一块长约 1.6 米、宽约 0.45 米、厚约 0.2 米，雕刻饰有美好寓意图案的条石，镶嵌在下碱处。因这块雕刻精美的石雕总是与来客正面相迎，故常被称为"迎风石"。

迎风石在关中豪宅中基本都有应用，雕刻题材风格多样，雕刻工艺变化丰富。这些石雕构件给关中民居增添了层次分明、厚重质朴的美感。

2012 年 4 月，在咸阳三原中山街小学出土了一块高 1.68 米、宽 0.45 米、厚 0.2 米，石质为凤凰山安禄石的迎风石。这块迎风石，据专家鉴定为清乾隆年间一户民居的石雕构件。后来经当地学者多方考证，此为三原一富裕大户临街房屋山墙正立面其中的一块迎风石构件石，后来房屋不知何因遭到损毁，而被埋于土中。这件高浮雕石雕作品，根据中国古代二十四孝中"乳姑不怠，鹿乳奉亲"的故事所雕刻，内容繁复，构图饱满，雕刻精美，多处采取镂空透雕手法，所雕人物栩栩如生，且保存完好，具有很高的艺术和文物价值。

四季平安迎风石　药王山馆藏　作者自摄

凤戏牡丹、玉堂满春迎风石　　　　富平喜鹊登梅、平安白头迎风石
三原东里花园藏　作者自摄　　　　作者自摄

旬邑唐家大院四季平安砂石雕刻迎风石　　旬邑唐家大院山水四条屏厦房迎风石
作者自摄　　　　　　　　　　　　　　作者自摄

狮子自传入中国，经历两千余年的岁月沧桑形成了独特的中国式狮文化符号。这种神秘的石雕神兽，早期主要作为皇家官宦陵墓和宫殿庙宇的独有守护者。

从宋元至明清时期，由于皇家对石雕狮子管理使用放松，其开始进入民间，被民居广泛采用。有的学者也认为石雕狮子走向民间并成为守卫大门的神兽这种习俗，形成于唐宋之后，被民居大量使用是在元明清时期。

石雕狮子极具中国特色的石雕艺术，是中华民族绵延几千年古老文化积淀的结果。石雕狮子不但是人们钟爱的吉祥物，而且是人们内心寄托精神的灵物，是中国古代建筑不可缺少的传统文化符号之一，在中国众多的园林名胜中，各种造型的石雕狮子随处可见。

等级森严的封建社会，对狮子的运用有着明确的规定和制度。如宫殿、王府、官衙、寺庙方可在大门前摆放一对独立且形象威武、咄咄逼人的石雕狮子。而其余官员则根据品第高低，使用等级形式不同的门枕石狮。石雕狮子作为古代建筑不可缺少的文化符号，在中国传统文化中被广泛应用。其摆在大门两侧到底有何寓意呢？民间流传有以下几种说法。

避邪纳吉。狮子在汉唐时期用来镇守陵墓，在古人心中被视为驱魔避邪的神兽。因此，在乡间路口，有时人们会设立石雕狮子与"石敢当"，以期它们能够镇宅、避邪、保护村寨平安等。所以，用石狮子来把守大门可以避凶纳吉，抵御妖魔鬼怪和邪祟的侵害，表现了人们祈求平安的心理需求。

预卜灾害。民间传说狮子有预卜灾害的神力。在古代神话传说中，如果遇到洪水、地震等自然灾害，石雕狮子的眼睛就会变成红色或流血，根据此征兆，人们便可采取应急措施避难。在这里石狮子俨然成了灾难的预言家。

彰显权贵。古代在宫殿、王府、官衙、宅邸等处放置的守门石狮，常常气宇轩昂、威震八方，显示出主人的权势和尊贵。如北京天安门前金水河畔的两对威风凛凛的守卫皇城大门的石雕狮子，就彰显了皇权至尊、威震八方神圣不可侵犯的意味。

艺术装饰。石雕狮子造型多变，工艺精美，不仅是古代建筑物不可缺少的装饰品，也是国人精神崇拜的图腾。不同地域石雕狮子有不同的艺术特点。总的来说，北方的石雕狮子外观大气，雕琢质朴；南方的石雕狮子更为灵气，造型活泼，雕饰繁多。

一般来说，石雕狮子都是一雄一雌，成双成对的，而且大都是左雄右雌，符合中国传统男左女右的观念。放在门口左侧的雄狮一般都雕成右前爪玩弄绣球或者两前爪之间放一个绣球，而门口右侧雌狮则雕成左前爪抚摸幼狮或者两前爪之间卧一只幼狮。如果其中一只破裂

明末清初独立门狮（牡）
昭陵博物馆藏　作者自摄

明末清初独立门狮（牝）
昭陵博物馆藏　作者自摄

清代独立门狮一对
咸阳博物馆藏
作者自摄

清代独立门狮一对
关中民俗艺术博物院藏
作者自摄

了，则应更换一对全新的狮子，不宜把剩余的一只留在原处。

　　石狮子在大门两侧的摆放是以人从大门里出来的方向为参照的。当人从大门里出来时，雄狮应该在人的左侧，而雌狮则是在人的右侧。而从门外进入时，则刚好相反。有些建筑物大门里外都有一对石狮子的话，门的外面（也就是进门方向）是雄狮在右侧，雌狮在左侧。明崇武以后，左为上成为定规，门东侧（左侧）的为雄狮，脚踩一个绣球，象征威力，俗称"狮子滚绣球"。门西侧（右侧）的则为母狮，脚下抚一只幼狮，寓意子孙昌盛，俗称"太狮少狮"。

　　在现实生活中，有的地方还能看到，有相反方向摆放石狮子的例证。据说这种摆放和慈禧有关。清末慈禧太后当政时，大小官员为了巴结老佛爷，挖空心思在雕刻龙、凤上下问题上做了颠倒，将龙放在下边，将凤放在上边。石雕狮子左右摆放上也做文章，调换了雌、雄位置，将母狮放到左边。

　　关于狮子的摆放，古时也有许多讲究：宫廷摆放的铜狮子，即纯黄铜精铸而成的狮子，是具有镇宅化煞、旺权助运的宝物。五行相生的次序是：木生火，火生土，土生金，金生水，水生木；五行相克的次序是：木克土，土克水，水克火，火克金，金克木。古人认为铜为金，可以克制木的刑克，窗户对面可见大树者，宜以一对小铜狮子化解。铜狮子可化煞挡灾，一般将之放在桌子上、窗户台、书架或者迎正门的矮柜上。摆放铜狮子时，宜高不宜低，前面应有开阔的空间，以达到居高临下的效果，切忌空间狭小，使狮子受困。因此，一般来说铜狮子摆放在西北方能发挥出最大的功效，这是因为狮子本属乾卦，居西北方五行属金，而铜狮子更为金属。此外，也不可盲目摆在西北方，应视实际情况而定。若不利因素来自北方，则可在北方摆放青石雕刻的石狮或汉白玉狮；若西方有灾，则西方摆放红色花岗岩雕刻的狮子；南方的话，摆放青石或墨玉雕刻的狮子；若祸事自东方来，则应在东方摆放汉白玉狮；等等。

　　古人认为，摆放狮子可以抵御邪祟入侵，务必保证狮子头朝外，如果头朝内的话，狮子的煞气可能会引起主人的不适，而且起不到避挡邪煞的效果。

　　在两千多年的历史长河中，石狮作为神兽、灵兽、吉祥兽，在上至皇宫，下至官衙、寺庙、民间宅院，甚至陵寝墓地，都起着重要的镇守作用。那些散落在黄土地上丰富的狮文化形象，经过先民的不断创造而被赋予了很深的传统文化内涵，成为国人珍贵的文化遗产，受到国人的尊崇和喜爱。

门枕石

中国住宅建筑特点是内室户门为一扇，大门外墙宅门为两扇。《字书》说："一扇曰户，两扇曰门。"作为固定两扇门下部的重要构件门枕石与门框上的门簪一体，被人们常称为"门当和户对"。民间所谓的门当户对、门第相当之说法，也因此而来。

自古以来，国人对民居大门底部固定门扇的连体石非常重视。这种固门石是安装在门槛内外两侧、稳固门扉转轴的一个重要的功能构件，因其雕成形似"枕头形"，所以叫门枕石。民间也称为门墩、门座、门台、镇门石等。它不仅能承受和平衡门扉的重量，还可加强固定门框。故其门内部分是承托构件，门外部分是平衡构件。古时候的门没有铰链、合页等，是靠门枕和连楹（宋代称鸡栖木）来固定门扇的，如果没有门枕来抵住门框，开关门扇时就会摇晃不定。最初的门枕石为简易的方形，这在宋代《营造法式》中可见到。后来随着朝代的更迭、社会的发展，门枕石的装饰造型愈加丰富，形态各异。

明清时，为了彰显门第，便增加大门的面积，门外枕石部分体形也相应地愈来愈突出，头部越做越高，雕饰愈来愈繁复华丽。甚至有些富商大户家宅门枕石的用料、雕刻工艺远远超出实际使用功能，以彰显主人的身份和社会地位。门枕石成为避邪、护佑家宅平安、门第

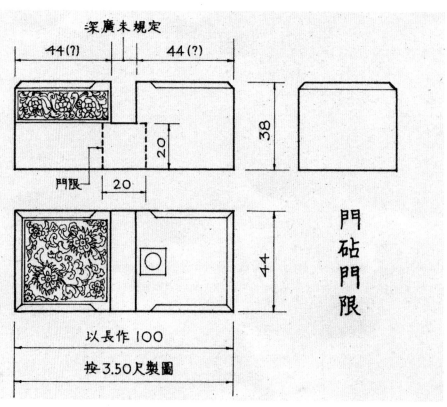

门枕石（门限）　　选自《宋营造法式图注》

兴旺的一种重要的古建筑"门饰文化"实用装饰构件。

门枕石按照民居等级常见有门枕狮、抱鼓石、箱形门墩石、简易门枕石等形式。

门枕狮

前面谈到关中古人在修建宫殿、官府、衙门、陵墓、桥梁、府第及民居建筑时，喜欢摆放石狮子。把狮子文化与门枕石巧妙结合，也是古代匠人的一大创新，使简单、呆板的门枕石变得生动活泼，意蕴深刻。

自古以来中国社会深受礼制的影响，并经过官方的不断规范，门枕狮在民间被大户人家作为门墩立于门外两旁，不光起到固定门框和镇宅驱邪的作用，还成为彰显主人身份等级和社会地位的标志。

明清时期门前摆放石狮子有专门的建制和规定，普通老百姓皆不得僭越。在现实中，常常会发现清代关中富商大家的门口也置有等级

三原周家大院
清代门枕狮正面
作者自摄

三原城隍庙明代
门枕狮　作者自摄

较高的门枕狮，或者级别较高的抱鼓石，这是什么原因呢？后查阅资料得知，这是曾流行于清代官场的捐纳制度造成的。

史料记载，康熙十三年（1674年），清廷决定大规模削藩，为了弥补军饷不足，颁布捐纳政令，捐官制度开始泛滥。文职可捐至郎中（正五品）、道员（正四品），武职可捐至把总（正七品）、千总（正六品），直至参将（正三品）。

雍正、乾隆两朝，捐纳更加频繁，成为乡绅富商入仕的重要途径。捐官政策为商人扩充政治资本的同时，也为等级不同的门枕狮、门枕抱鼓石许可商家大户使用，奠定了礼制基础。捐得官衔后，扩建宅第的等级限制减少，宅院就能修建得豪华、阔大、气派。商人都希望家族有人通过科考或捐官入仕，以彰显门第，这就造成了如今在关中一些商家大院宅门前多有门枕狮、抱鼓石的现象。如三原、泾阳、旬邑、蒲城、澄城遗存的豪宅大院可以找到相关例证。

清朝灭亡后，中华民国建立，宅第建设等级限制皆被取消，不少官僚、军阀、富户在新建、改建住宅时，没有了封建礼制的约束，变得开放起来，只要有财力便可在宅院建造中享受封建社会不可僭越的高规格礼制待遇。这是现在可看到一些民国时期所遗存建筑使用门枕狮、抱鼓石的缘由。

门枕石狮底座若有雕刻花纹时，也有很深的寓意。如：正面雕刻瓶、升子(古时的一种量具)和三支戟，象征平升三级；右面雕刻牡丹和松柏，象征富贵长春；左面雕刻文房四宝，象征文采风流；背面雕刻八卦太极图，象征镇妖驱邪；等等。

民间传说狮子爱玩夜明珠。因此，有的大宅门前石狮，左侧雄狮的口中雕刻一颗能活动又掉不了的圆球。大多数石狮口衔绶带，取义好事不断。如石狮口衔绶带，背负幼狮的，古有子孙可封"太师少师"之愿，当然也有"子嗣不断，好事相连"之意。

三原城隍庙明代青石门枕狮一对　作者自摄

　　抱鼓石是门枕石的一种，是古代民居建筑工艺的精华部分，也是古代宅主身份、地位和房屋等级象征的装饰构件。一般是指位于宅门入口、形似圆鼓的两块人工雕琢的石制构件，因为它犹如抱鼓的形态，承托于石座之上，故此得名。它与门槛、门扇、门框、门簪一起构成意蕴深刻的中国传统门第文化，同时也是彰显宅门品级文化的形象语言符号。它以神秘、古朴、典雅的艺术效果给古建筑增添了难以言说的无穷魅力。在传统建筑中有较多的运用，如牌楼建筑（牌坊、棂星门）中抱鼓石起到类似夹杆石（门挡石）的作用，它是牌楼重要的装饰、加固构件，主要起到稳固楼柱的作用。

旬邑唐家大院正门
作者自摄

旬邑唐家大院正门
麒麟送子（左）、
昭君出塞（右）抱鼓石
作者自摄

《说文解字》言："鼓，击鼓也。"中国古代击鼓升堂、击鼓定更等，已经形成了官制的行为特征，于是鼓成了官衙的符号。

在现存的文献中，关于鼓的记载也很多，如《山海经·中山经》中有："首山，魁（神）也，其祠用稌……干舞，置鼓。"说明鼓是祀神干舞的伴奏乐器。《山海经·大荒东经》记："以其皮为鼓，橛以雷兽之骨，声闻五百里，以威天下。"记述了鼓是皮面，用鼓槌擂它，声音远传，有威震天下之功能。《周礼·地官·司徒》载，已专门设置鼓人来管理鼓制、击鼓等事。鼓人管理各种用途的鼓，如祭祀用的雷鼓、灵鼓、乐队中的晋鼓等。其中，专门用于军事的叫"汾（音）鼓"，《说文解字》解释，这是一种长八尺、鼓面四尺、两面蒙革的大鼓。此外，路鼓、晋鼓等也用于军旅，这些鼓以后发展为各种规格的战鼓，在军事上得到普遍运用。

鼓在远古时期，被尊奉为通天的神器，主要是作为祭祀的器具。在狩猎或征战活动中，鼓都被广泛应用。鼓作为乐器是从周代开始。周代有八音，鼓是群音的首领，古文献所谓"鼓琴瑟"，就是琴瑟开弹之前，先有鼓声作为引导。传说在古代，鼓不仅用于祭祀、乐舞，还用于打击敌人、驱除猛兽，并且是报时、报警的工具，鼓面常刻有螺旋纹，故又称为螺鼓石。这种鼓石多用于寺庙门枕石，如有坏人进入庙中，门鼓即会嘎嘎作响。还有一种鼓面刻龙凤、花鸟等纹路作为报时用的大鼓，称为"戒晨鼓"，常放置在城池的鼓楼上。每到夜间报更时分，钟鼓楼上钟鼓齐鸣，低沉的鼓声传遍全城。可见鼓在中国古代具有博大精深的文化内涵。

抱鼓石作为门枕石出现，据说是古时征战得胜归来的将军，常把战鼓放在门前，以耀功绩。后来朝廷为鼓励这些勇猛征战的将士建立功勋，便把能使用圆形石鼓作为奖励，规定其为立有军功人员的专门建筑制式符号，特许武将门前所用。史料有载，门枕抱鼓石是从汉代的阙、唐代的枋门演变而来的。唐宋时门鼓石是官府和豪宅门前的标志性建筑装饰构件。《宋史》记载，五品以上官员门前才可立鼓石。明清以前官府曾严格规定，凡宅门设立抱鼓石的，都须在朝为官或立有功名。一般人家只能设立方形门墩。另外对抱鼓石所雕刻的题材和内容也有明确的规定。

　　明清时期，对抱鼓石使用有着更严格的规定和等级区分。比如皇族或官府的门前用狮子形的抱鼓石；高级武官的门前用抱鼓形狮子门枕石，低级武官的门前用抱鼓形有兽头的抱鼓石；高级文官的门前用箱形有狮子的抱鼓石，低级文官的门前用箱形有雕饰的门枕石；地主富豪的门前用箱形无雕饰的抱鼓石。而对于普通民宅，则只能用木质方门墩或简易门枕石来代替了。也就是说，只有高门槛的宽院大门才用得上抱鼓石。于是抱鼓石彻底从门枕石中脱胎出来，成为非贵即富门第的象征。

　　现今可以看到大量明清时期遗留下来的抱鼓石。这些抱鼓石雕刻精美，寓意丰富，既是建筑大门的主体结构，又是高档豪华的石雕艺术珍品，同时也是民俗生活的写照。北方抱鼓石较之南方更为讲究对称，不过其整体多分为三段：底部为雕有图案的须弥基座，中部为类似包覆锦巾的承托件，上部为塑有伏狮及犼犴衔环的抱鼓石。

蒲城某古民宅正门左右麒麟望日抱鼓石　作者自摄

清代胡人驯狮抱鼓石
西安曲江唐苑藏
作者自摄

清代吉祥如意、富贵平安抱鼓石
旬邑唐家大院藏
作者自摄

箱形门枕石

　　箱形门枕石，也称门墩石，是关中地区民居建造中运用较为普遍的一种石刻物件，是伴随着门枕石的出现而开始逐渐定型成熟的。它和抱鼓石的功能一样，除具有固定门框的实用性外，另外一重要的作用是彰显宅主的身份和地位。箱形门枕石根据体形大小和雕刻图案来划分等级，箱上外露面除雕刻图案外，箱顶部雕刻立体狮子的等级最高，体形越小图案越简单的等级越低。

　　有人认为箱形门枕石的等级比抱鼓石地位低。笔者认为此观点有待商榷。中国自古讲究阴阳平衡，文武之道，一张一弛，治理国家文武之道都要相兼，哪方面偏颇都会于国不利，就是站立朝堂的文武官员也是各立一边。对于各级官员所建宅院使用的门枕石也应有所区分。

　　明清时期规定，立有功名的武官宅门前用抱鼓门枕石；立有功名的文职官员用箱形门枕石，影射文人凭立于世的是装笔墨的书箱。

　　在现实生活中发现箱形门枕石存量很大，这是因为以农立国的中国先民，自古深受儒家思想影响，渗入血液中的理想生活，是边耕田种地边读书，待有机会，博取功名以改变命运。耕读传家的思想，是大多数农人富户的传统。因此，这也是官宦人家、富商大户人家喜用体量大、雕刻精美的箱形门枕石，就连小富的农户也用等级较低、雕刻有吉祥图案的箱形门枕石的真实原因。

　　不论是抱鼓石或是箱形门枕石，这些门墩表面都会雕刻吉祥的浮雕图案。这些图案的内容在古时也不得随意使用，而是受到严格的规

清代箱形门枕石
凤翔周家大院藏
作者自摄

定制约。如龙、凤凰、麒麟、仙鹤、天马及植物图案使用都有对应的等级规矩。普通老百姓只能用如寓意"连年有余""岁岁平安"等图案。

清代箱形门枕石
三原某民宅藏
作者自摄

清代箱形门枕石
三原某民宅藏
作者自摄

清代箱形门枕石
旬邑唐家大院藏
作者自摄

柱础石，民间亦称柱顶石。关中民居建筑多以木柱为竖向的支撑结构，为了防止雨水与潮气对柱子木材的侵蚀，下端常设石质基础。简单的柱础石只做成素面的方形或鼓形基石，讲究一点的大户人家做成须弥座与裙褶的形状。

柱础可以分为两大类型：一类是用于门廊，但只能露出两面或三面。另一类是用作独立支柱基础，造型多样，有扁鼓形、连珠形、方鼓形、圆鼓形、方形等形式。

关中民居中的柱础石雕表现题材广泛，内容丰富，表达了关中这块厚重土地上人们对美好幸福生活的朴素向往和积极追求。例如祥禽瑞兽的题材，多采用龙、狮子、麒麟、蝙蝠、猴、鱼、松鼠、喜鹊等吉祥的动物图案，寓意"官上加官""多子多孙""天长地久"等。人物故事的题材多见福、禄、寿，也寄托人们祈求生活幸福、风调雨顺、四季平安的美好愿望。花卉果木的题材形象有梅、兰、竹、菊、松、牡丹、藕、荷花等。这些丰富多彩的吉祥图案运用，使建筑整体装饰风格大气厚重质朴，也暗寓有兴旺发达、坚定不移、谦虚清雅之意，同时表达了宅主希冀富贵长久的愿景。常见的图案符号和题材一般都是连续、重复地出现于民居建筑中。柱础的外轮廓边饰有直线、鼓钉、回纹、云纹、卷草、拐子纹等。这些雕刻出的丰富多彩立体图案，是古民居厚重文化构成的重要部分。

三原周家大院各式
柱础石　作者自摄

各式柱础石
关中民俗艺术博物院藏
作者自摄

凤翔、三原等地
各式柱础石
作者自摄

　　关中古民居各个部位的石雕，造型上细腻繁缛，精雕细刻，构图巧妙，注重细节，展现出庄重、典雅、朴素的艺术风貌，给人以严谨、含蓄的艺术感受。雕刻技法大量运用高浮雕与低浮雕结合，几种形式并用突出了层次感和立体感。风格上有粗犷豪放的，有细致秀丽的，有严谨规整的，有圆浑稚拙的，既突出了装饰性，又不乏写实性。

古民居的内部装饰门窗、隔屏木雕文化

关中古建筑民居，是以抬梁式木结构作为主骨架，并配套以土木、砖木、石木为结构的硬山式民居。这种结构体系的建造方式，与自明代以来开始在北方民居中流行的以砖、夯土、石等作为墙体承重屋顶和自身重量的民居，有很大区别。

关中传统民居，主要外墙与木架构是脱离开来的，各自承受自身的重量，木架构承受屋顶的重量，而墙体在围护和分隔空间的同时，只承载自身的重量，所以关中民居具有墙倒屋不塌的独特优点。此类型的民居建筑造好后，不仅表现出很强的抗震性，还有一大优点，就是可根据主人需求，为后续的各式装饰隔屏、自由分隔空间提供方便。

关中传统民居以木结构建造为主，具体在建造时主要由制作梁柱、屋架的大木匠师来施工。房屋搭建完工后再由负责制作门窗、雕刻隔屏的小木匠师来完成后续的精致"花活"装饰。

关中古民居，外观厚重质朴，四面高墙犹如城堡。只有临街厢房才开圆形或六边形的气窗，而且离地面较高，安防意识浓厚。从街门走进院子，宅主家的万千气象犹如画卷般慢慢展现出来。

宅主穷其一生所建宅院，是其自然观、社会伦理道德、学识修养的

蒲城王振中宅屋宇式
大门木雕挂落
作者自摄

蒲城林则徐纪念馆门窗隔屏木雕整体组合　作者自摄

外在体现，这些皆需借助三雕来完成。而这个任务就落在小木匠师身上。小木匠师根据主人要求，不但通过大量的木雕隔屏来划分空间，还运用丰富的题材、寓意深刻的图案对院内门窗、屏罩、梁架、枋额、家具等部位精雕细琢，赋予整座建筑以文化的内在灵魂。

人类早期的造屋目的就是保安全、避风寒。门窗出现时，功能也相当原始，即通风采光，通风功能为主，采光功能为辅。先秦以前的建筑无实物存世。当时建造房屋很有可能也是坐北朝南，门与窗的设置方向同后来几千年的传统建筑并无二致，其次是牖的面积非常小，十牖不若一户。

汉代崇尚厚葬，建筑模型作为陪葬品，时有出土。从这些出土的建筑明器中可以依稀分辨出，这时开始出现直棂窗。直棂窗的出现是门窗发展的一大进步。窗的采光面积增大。窗如无遮挡，房屋避风寒功能下降；窗如太大，关堵成为难题。而直棂窗的出现则很好地解决了这一难题，加之汉代织物发达，裱糊窗上，实用且美观。

到了魏晋时期，直棂窗大量出现，当时许多住宅围墙上设有成排的直棂窗。文人士大夫的造园运动，此时风起云涌，致使门窗的社会功能复杂起来，它置身在景观与屋内的交界处，起到了"隔"的效用。

隋唐至宋，建筑门窗日趋成熟。宋时《营造法式》图文并茂，将格子门的式样、纹饰、名称等一一罗列。这时的建筑已明确分为大木作（构架）、小木作（装修）。小木作独立出来，使建筑艺术细腻化成为时尚追求。

翻阅宋时的《营造法式》可以看出，当时的门窗装饰手段已经十分丰富，格心的变化多样，腰华板雕刻已趋于成熟。只是格子门的种类较为单一，仅单腰串和双腰串两种。腰串是指格门框架中间横向木条，用以分割格门上下部分。单腰串是格门中最简单的，只需用一根横向木条将门分割，上部为格心，下部为障水板。这种式样的门，比板门多了采光、美观、轻便等优势。双腰串是格门上部的格与下部障水板中间再加一根横向木条，两根木条之间夹有腰华板，有些腰华板还有雕饰，由于位于水平视线的范围，装饰效果极佳。

宋代的窗仍以直棂窗为多，花式窗兼有。直棂窗有板棂和破子棂两种，板棂木条横断面为扁方形或方形。破子棂横断面为三角形，尖角冲外，平面冲里，以便裱糊。另外，宋时的《营造法式》上还绘有阑槛钩窗等其他形式。

古代由板门过渡到格门，中间还历经软门。软门是框架结构，中间设有腰串，是上下均打槽装板的一种新形式的门。它的好处是体轻，少变形。软门也可以说是格门的前身。在比例关系上，宋代的格门宽而矮，而明清以后的扇门逐渐变得窄而高了。至于演变的原因主要有两个：一是明清隔扇门上面较少装横披窗；二是明清建筑隔扇门，几乎装满建筑正面，片数多会使建筑整体节奏感强，并且容易平均分配。

明清门窗无论是官式建筑还是民宅，存世极多。这时的隔扇与槛窗工艺成熟，式样繁多。格子门至明清已改称谓，叫隔扇门。活动开启者称门，一般固定不动者可称隔扇，传统不论外檐装修还是内檐装

蒲城林则徐纪念馆
木雕槛窗、隔扇门
作者自摄

蒲城林则徐纪念馆
正房隔扇门
作者自摄

修称谓不变。较之宋代格子门，明清的隔扇构造变得复杂一些，但制作原理没有改变。

明清时期腰华板也称绦环板，它不像宋式格子门仅在中间设置，而是在下部或上下部都有设置。格心形式多样，传统的双交四、三交六仍有保留，但更多的是攒斗、攒插、插接、雕镂或两种以上工艺结合的新工艺手段。

有关门窗的名称、制作工艺，各地叫法不一，为了读者阅读、了解方便，特以王效清主编的《中国古建筑术语辞典》和马未都编著的《中国古代门窗》为参考标准。

格心，也称菱花，是早期外檐装修的主要装饰手段，亦称格眼。

裙板，宋时称障水板，语意不详；也有写障板的，障碍之板；另有俗称挡板的，仅指素板而言。

抹头，宋时称腰串，但略有区别，腰串仅指中间部分的横木，而上下两头另有名称。但明清所指凡门窗隔扇上的横木均称抹头，故有二抹头、三抹头、五抹头、六抹头之说。抹在这里音变，读骂。

槛窗，俗称隔扇窗，与隔扇形式大同小异，为明清建筑门窗的主要形式，设置在槛墙之上。

落地明造，为一种特殊的隔扇，不设绦环板和裙板，完全是以格心的形式出现，从上到下皆透光。优点是透光性能好，缺点是牢固度差，易损坏。另外，有类似折屏的隔扇，边梃两足落地，下部不设抹头，因为最下边没有绦环板，另装有压板，一般为门形式，曲线优美，这种式样的隔扇较为少见，仅用于厅堂的内檐装修。

攒斗，是指以小木件攒合大面积整齐划一的图案，每个单元一致并相互咬斗成型的一种复杂工艺。

攒斗工艺有两个难点：一是榫卯咬合均在木件尽头部位，大部分图案均须在咬合处三头合并，互相制约，例如蜂窝状格心。二是以小拼大，越是精美者，单件个体就越小，小至不足一寸，拼成一米以上的格心。整齐划一是攒斗工艺的追求目标。攒斗技术看似简单，实际颇费工时，是要求极为严格的工艺。木工如能熟练地做出攒斗方式的格心，那么其他任何工艺都会毫不费力。

攒斗工艺的优势也有两点：一是完全彻底消除木材本身的应力，不论潮湿与干燥，攒斗的门窗少有变形开裂。单体越小，效果越好。二是图案细腻严谨，整齐划一，富于韵律。

攒插与攒斗工艺相同之处也是以小攒大，所不同点是攒插的榫卯结构不完全是在木件尽头，它在有的部件中部凿出榫眼，与另外部件榫头相接，而攒斗是没有榫眼的。攒插工艺的单体一般比攒斗要长一些，尺寸不一，因而形式繁复多变，图案构成也更加多样。攒插工艺看似

三原周家大院
木雕隔扇门
作者自摄

三原周家大院木雕槛窗
作者自摄

复杂，但施工时相对容易克服攒斗工艺的两大难点，在整体拼合时易于不断修正。攒插的咬合部位比攒斗灵活，而且相互有所制约，所以攒插格心的牢固性优于攒斗。攒插工艺的灵活性也使其图案设计随心所欲，冰裂纹这样不规则的图案就是攒插工艺的典型代表。由于攒插工艺优点颇多，所以格心制作中被广泛采用。

雕镂与前几种工艺不同，雕镂工艺以整材为基础，以减法施工。首先是由锯镂空不需之处，露出空间，再雕凿，将事先设计图案逐步完成。雕镂工艺的特殊性，使工匠有所分工，雕工只需执刀锤和锯即可完成本职，而木工则需借助更多工具。雕镂工艺的长处是自由表现

三原周家大院
木雕罩门
作者自摄

纹饰和图案，尤其是传统文化中的人物故事，以及动物、植物、建筑、器物等等，均可任意表现。因而，它大大地丰富了门窗的文化内涵。但雕镂也有缺点，由于是整板雕出，木材纤维竖向，横向切断后易受潮或干燥时易开裂，扭翘变形现象也有发生。另外，就是雕镂格心限于木材自身条件，不可能雕镂太细，采光往往不如其他工艺。

以上几种工艺是门窗格心所采用的基本工艺，其优劣势，经中国工匠上千年的摸索，清楚明了。所以，更多的门窗格心是采用两种或两种以上的工艺组合完成的。例如，浮雕图案作为中心盘，置于攒插格心之中，具象与抽象组合，扬长避短。古代工匠通过多种途径，把攒斗细致规矩的图案与雕镂丰富复杂的纹饰结合起来，最大程度表现自身的聪明才智。中国古代门窗才因此显出勃勃生机，意趣无穷。

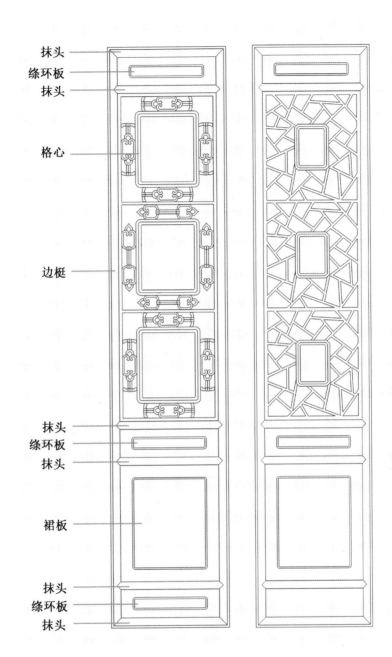

抹头
绦环板
抹头

格心

边梃

抹头
绦环板
抹头

裙板

抹头
绦环板
抹头

明清式样隔扇图例说明

　　绦环板与裙板装饰手法类同。由于它们处于下半部，一般不允许透光，所以只能用浮雕工艺来完成。有相当数量的裙板采用全素形式，因为绦环板处在近距离视觉中心，理应为装饰重点，而光素裙板则为节省用工量，久而久之，也形成一种简约风格。

　　门窗所饰的雕刻工艺，是中国工匠数千年来不断摸索形成的传统技艺。它手法多变，因人而异，但总体上仍有规律可循。文人与工匠在共同设计中考虑到诸多因素，才使门窗的雕饰文化内涵如此丰富。

《周礼·考工记》载："攻木之工七，轮、舆、弓、庐、匠、车、梓"。这七种攻木之术今天细分起来有些困难，但"匠"与"梓"之分明确，匠为营造，梓为雕刻。战国之"丹楹刻桷"，说明雕刻此时已用于建筑装饰。楹，堂屋前部的柱子，楹联所挂位置；桷，方形的椽子。红漆柱，雕花椽，美不胜收。

　　宋代刊印的《营造法式》，对建筑木雕有了进一步具体的论述。大木、小木、雕木三作分工，这是木工与雕工明确分工的记载。由于建筑雕刻尚有石雕、砖雕等，专业名称复杂，宋元明清有同有异，为避免误解，现将木雕剥离，雕刻技法分类如下：浮雕、透雕、嵌雕、贴雕、线雕、圆雕。本节只对与石雕、砖雕工艺不同的透雕、嵌雕、贴雕稍作介绍。

西安灞桥区张百万宅
厦房木结构槛窗
作者自摄

蒲城王振东民居
隔扇门、罩门木雕
作者自摄

　　透雕实际上是将浮雕发挥到极致，将减去的底子减至零，仅把纹饰留下。从施工工具上讲，透雕多用锯而不是用刀凿剔去。透雕中有极少部分只用锯而不再用刀凿的，工艺效果类似剪纸。一般透雕工艺是先用锯将不用之处镂空，然后再施以雕凿，最终完成图案的制作。

　　透雕在明清后，又有了漏雕、玲珑雕之称。透雕工艺细分也有两种：一种是单面透雕，纹饰修饰均在正面，背面只剩下窟窿。另一种是双面透雕，正反面都有纹饰，两面纹饰一致或者不一致，不一致者须正背面交代明确，例如，正面为龙正面，背面为龙背面。另有不一致者

蒲城古民居木雕
人物槛窗
作者自摄

正背面无关联，各施两种图案，设计巧妙之极。透雕还有镂窟窿之名，也称镂空雕。

嵌雕是用锯将纹饰事先镂好，然后在平面上按所镂纹饰的轮廓挖出凹形槽，再将其硬性嵌入，然后修饰。嵌雕最大的优点是可以分色做，如浅黄色的楠木镶嵌深紫色的紫檀，冷暖分明，效果颇佳。嵌雕是透雕与浮雕工艺的结合，但它比透雕工艺费工费时，而且在镶嵌时工艺要求难度大，须一丝不苟。

贴雕与嵌雕工艺几乎相同，但仅贴不嵌，可视为变种，不需在木板上挖槽，省工大半。缺点显而易见，胶性一旦失效，纹饰即时脱落。所以，有贴雕在纹饰佐以铁或竹钉，以克服这一缺陷。

木雕的工艺大致就这几种。实际上，在门窗装饰工艺中，雕刻手段常常是多种组合而行，单一工艺的表现力及实用性总是有其局限性的。在雕刻刀法上，历朝历代工匠都有自己的绝活。工匠的理解力、表现力与工艺熟练程度，甚至个人的品位修养都会直接影响到雕刻作品的艺术价值及实用价值。

古代建筑中的内外檐装修难度极大。它对门窗工艺要求甚严，要求棂条之间搭交处应嵌不窥丝。仅此即可说明古时门窗制作的工艺水准。

在门窗的总体设计上，融合是第一原则。要在原本平直结构的门窗中注入生命要素，使之生动起来，文人与工匠就需综合考虑组装程序与雕刻程序了。要想赋予门窗文化内涵，文人的参与、工匠的聪慧都是不可或缺的因素。工艺上的进步，是古人长期实践、摸索、学习的结果。它的复杂性，恰恰又是中国传统文化根基深厚的具体体现。

门窗纹饰及图案有以下分类：

几何图案。凡用各种直线、曲线以及圆形、三角形、方形、菱形、梯形等等，构成规则或者不规则的几何纹样做装饰的图案，统称几何图案。门窗上的几何图案是主要的装饰手段之一。它包括各种变体以及多种组合形式。几何图案中最单纯的有四方、六方、三角等形式。拐弯处做圆润处理的俗称一根藤，有着扯不断的寓意，再加上多种几何形式的组合，比如外方内圆、大面积的冰裂纹等。几何图案作为装饰主体的长处是规律性强，富于节奏韵律。大面积整齐划一的装饰，视觉冲击强烈，尤其窗扇、隔扇门单片数量多时，效果非常明显。

蒲城林则徐纪念馆
木雕隔扇门攒插
作者自摄

蒲城古民居隔扇门
裙板、绦环板木雕花鸟
作者自摄

　　树木花卉。树木花卉是古代吉祥图案中经常用到的，古人赋予植物以艺术生命，注重各类植物内在的品质，加以倡扬。比如，梅、兰、竹、菊，寓意为四君子；松、竹、梅，寓意为岁寒三友；等等。植物的个性完全是社会道德规范的具体写照。古人逐渐注意到各类植物在自然界的地位与状态，在漫长的时间内，植物的客观生命在古人的主观感受下得以升华。在明清门窗中，出现了大量植物图案，设计者与制作者寓意明确，借物抒情。

　　动物图案。禽鸟走兽也是民居雕刻中运用到的动物图案，不但有喜鹊、鹌鹑等，还包括龙、凤、麒麟等神兽，以及鱼、龟、蛙和昆虫等。龙是中国人几千年前创造的崇拜图腾，代表着至高无上的皇权，被皇家垄断。龙的形象是集各类动物之长，鳄头、鹿角、蟒身、鹰爪、鱼鳞、虾眼。龙能够腾云驾雾，翻江倒海，上天入地，来去无踪。历朝历代，各类文物上对龙都有过描绘，尤其在皇家建筑中的使用不厌其烦。至于民间建筑门窗偶见龙纹，也在表明百姓对龙的信仰。凤凰、麒麟等瑞兽图案出现的原因也与龙纹类同。

　　题材中的其他兽类，大致可分为家畜与野兽。凡家养动物，如马、牛、羊等，印证着物阜民丰的年代。凡野生动物，如虎、蛇、猴等，则寄托着美好的愿望。生肖文化也是中国古代独有的一种计年文化，中国传统的十二生肖在门窗纹饰中时有表现。

山水风景。把地域古迹、名胜山水用于民居木雕装饰也是关中民居的一大特色。寄情山水，是魏晋以来的文人之癖。生活富足，政治失意，均可在山水之间找到寄托。明清时期的山水画，气象万千，层峦叠嶂，是中国山水画最为繁荣时期。木雕匠人深受当时文人画派的影响，施景布局，一招一式，均按"范本"进行。或远山近水，或一水两山，是典型的明清山水画的布局，在门窗浮雕板上均可寻到芳踪。使用山水作为门窗装饰的为少数，原因是山水画为文人较高层次的追求。关中大地的民居中，儒商代表三原孟店周家大院就是以山水"关中八景"作为雕刻对象的。

人物神仙。人物指历史上确有其人，代代相传；神仙指宗教、神话创造的人物，妇孺皆知。但亦有无名无姓的平常百姓，如渔樵耕读，这是百姓生活的真实写照。门窗在裙板、中心盘等主要部分，常常深雕人物。八片门窗常选八仙人物：吕洞宾、铁拐李、何仙姑、张果老、

蒲城古民居隔扇门裙板
雕刻人物"耕""读"
作者自摄

灞柳风雪别意绵　　　　　　　　　　华岳仙人掌托天

曲江流饮千年胜　　　　　　　　　　咸阳古渡几千年
三原周家大院隔扇裙板雕刻"关中八景"　作者自摄

太白积雪六月天　　　　　　　　　　草堂烟雾凌霄端

雁塔晨钟龙骨寺　　　　　　　　　　骊山晚照壮秦川
　　　　　　　　　　三原周家大院隔扇裙板雕刻"关中八景"　　作者自摄

陶渊明庭前赏菊

苏东坡外出访友

谢灵运春游遇雨

孟浩然踏雪寻梅

三原周家大院隔扇裙板雕刻历史人物　作者自摄

汉钟离、曹国舅、韩湘子、蓝采和；四片门窗常选渔樵耕读，这些皆是古人向往的理想生存状态。

人物神仙题材中大致分为以下几类：①历史人物。中国五千年文明史上记载着许多可歌可泣的人物，思想家如孔子、老子，文学家如陶渊明、苏东坡，诗人如孟浩然、李白，书法家如王羲之、米芾，等等。这些人物在擅长的领域独领风骚，所以在历史上赫赫有名，受到后世的景仰和尊敬。②文学人物。话本小说的兴起，影响了明清门窗装饰的内容。书中的人物形象，在门窗纹饰中时有表现。《三国演义》中的刘、关、张，《水浒传》中的一百单八将，《红楼梦》中贾、史、王、薛四大家族。书中所述人物很多在历史上确有其人，也有作家加工后的艺术化再现。但塑造的人物感染力强，都很精彩，在民间广为流传。③神仙人物。宗教人物如弥勒（佛教）、八仙（道教），吉祥人物如寿星、和合二仙、财神，以及祈福人物如天官、钟馗等。历史人物形式出现频率最高，是封建社会整体社会心态的最直接反映。

故事戏曲。故事戏曲无论有文字记载也好，还是百姓口授流传也好，故事的生命力极强。尤其元代戏曲杂剧的兴起，使故事情节变得易记并长久不衰。明万历以后带有插图版刻的话本小说的普及，对故事的传播起到了重要的推动作用。《水浒全传》《三国演义》《金瓶梅》《西厢记》《牡丹亭》《红拂记》《丹桂记》《唐诗画谱》《博古叶子》《程氏墨苑》《方氏墨谱》等一大批优秀作品都诞生于此时。

同为故事，亦可分成几部分：①历史事件。其中大部分已在元明清之际改编为小说或戏曲，在真实的基础上有所创作，如桃园结义、岳母刺字等。②戏曲题材。主要以古典文学作品中脍炙人口的章节和当时盛行的剧本为创作题材，如游园惊梦、打渔杀家等。③民间传说。这实际上是另一种文学创作，人们将美好的东西总结升华，口授流传，典型的有二十四孝、风尘三侠等。④神怪题材。在封建社会，人们对自然科学知之甚少，故迷信色彩浓重，尤其对神怪题材津津乐道。神怪题材广泛，上天入地，无所不有。最著名有钟馗捉鬼、嫦娥奔月等。其中戏曲和故事是百姓最为喜爱的，在漫长的封建社会中，这是他们赖以生存的精神支柱。⑤博古杂宝。博古可以解释为博学好古，历史的进程中留下的财富是文化。历朝历代在生活富足以后，都对先人的历史遗存颇感兴趣。最典型的是北宋、晚明和清乾隆三个时期。尤其清乾隆盛世，在政府的提倡下，好古成为全国的嗜好，百姓无一不以古为荣。博古图案大同小异，只是因个人喜好不同，侧重点不一样罢了。青铜、古玉、陶瓷、象牙、犀角、竹木、珐琅、漆器等等，都是博古题材。另外，还有七珍，八吉祥：法轮、法螺、宝伞、华盖、莲花、宝瓶、金鱼、盘长，暗八仙：汉钟离的扇、吕洞宾的剑、张果老的渔鼓、曹国舅的玉板、铁拐李的葫芦、韩湘子的箫、蓝采和的花篮、何仙姑的荷花，等等。上述这些都属博古杂宝题材，在门窗装饰题材中，雅而不隔，平易近人。

四条屏之"耕"

四条屏之"樵"

四条屏之"渔"

四条屏之"读"

三原周家大院隔扇裙板四条屏"耕樵渔读" 作者自摄

百官为郭子仪祝寿

郭子仪向唐代宗请罪

唐代宗向郭暧询问实情

唐代宗、皇后给郭暧、公主讲和

三原周家大院隔扇裙板历史故事 作者自摄

三原周家大院隔扇裙板历史人物故事"岳母刺字" 作者自摄

其他题材。古代门窗装饰题材多而杂，除以上几类，仍有许多题材归属不易。比如文字装饰，中国字是象形文字，文字自身就是艺术。千百年来形成的书法艺术，书体真草隶篆，各具风采。用文字作为装饰手段，除外形特殊，内容也极重要，比如福禄寿喜，重在吉祥；又比如朱子家训，重在守则；还有就是变体字，如团寿等。其他题材还有八卦、太极、方胜、五蝠捧寿、吉庆有余等，不胜枚举。

　　实际上，古代门窗的装饰题材很少单一出现，大部分是多种题材组合而成，在山水中有人物，在花草中有动物，人与动物、自然和谐；再有就是故事戏曲与人物神仙常常交织在一起，不可分割。有时即便孤独一人，身后也包含其他丰富多彩的故事。中国古代门窗的文化内涵是一点一滴积淀起来的。古人将更多的感情倾注在门窗上，提升了门窗装饰雕刻的工艺和品位，被人们放在"民居三绝"之首的重要地位，在居住环境中成为装饰之重点。

第十章 古时关中人的信仰习俗

关中大地有着厚重悠久的历史，是中华文明的发源地之一，是孕育中华民族文化的摇篮。在厚重的历史文化积淀中，各种原始崇拜、宗祖崇拜、行业祖师崇拜，伴随着历史的脚步和儒、释、道融汇在关中人悠远的生活习俗中，并留下了深深的烙印。

原始信仰和图腾崇拜，有对山神、土地、牛王、马王、水神、龙王、太岁、树神等的崇拜；祖先崇拜，有对女娲、九天玄女、炎帝、黄帝、姜嫄、后稷、文王、周公、召公等的崇拜；对历史人物崇拜，并广建庙宇，如姜子牙庙、武侯祠、关帝庙、张爷庙、子胥庙、扶苏庙、城隍庙（各府县城隍庙祭祀的多为本土的历史人物转化，西安鄠邑区城隍庙礼敬的是汉将纪信，三原城隍庙礼敬的是唐代大将李靖）等；行业祖师崇拜，有对字圣仓颉、仙师鲁班、神医华佗、药王孙思邈、酒仙杜康、梨园鼻祖唐玄宗等的崇拜。

儒、释、道在关中地区也有深远影响。古时关中人尊崇儒家学派创始人孔子。此外，关中是民间早期道教五斗道的发祥地之一。关中有著名的老子讲经处楼观台、长春真人丘处机养性的龙门洞、张三丰活动的金台观、八仙圣地八仙庵。全真教的开山祖师王重阳（咸阳人）嫡传弟子全真七子中，在关中活动布教的除丘处机外，另一位为郝大

三原嵯峨镇岳村关帝庙
作者自摄

三原嵯峨镇岳村
关帝庙内景
作者自摄

通，是全真教华山派的创立者。而对佛教如来佛、观音菩萨、本土佛千手观音菩萨（成佛于耀州的香山）、弥勒佛等诸佛崇拜的庙宇也曾遍及关中大地。旧时各式庙会在关中各地应有尽有，可以毫不夸张地讲为"天下之最"。

古时关中每一座城必有城隍庙、孔庙（旧称文庙）、关帝庙（武庙）、财神庙；村庄祭拜的有送子观音，驱蝗虫敬刘猛将军，养蚕敬蚕花娘娘等。老百姓家宅供奉的家神，必有土地神、灶王神、子牙神（姜子牙）等。

俗话说"民以食为天，以居为地"。旧时，置办房产是人生的一件大事，也是造福子孙的家庭大事。至今在民间，建房安家，护佑家宅平安，仍是件分量很重的事。驱邪纳福就成为重要的文化传统习俗。在漫长的历史发展过程中，民间逐渐形成了一些固有的家宅崇拜习俗。

土地神

中国人自古以农立国，以农为本。一般百姓非常重视土地，认为有土地才能栽种五谷，有了五谷才能生存，因此对土地自然产生一种崇拜的心理，于是创造出土地神来。

土地神崇拜源自我国古代先民对土地的崇拜。以前，天子诸侯祭拜"社稷"的"社"就是土神，"稷"就是谷神。

土地神在民间俗称为土地公或土地爷，其配偶称为土地婆。土地神是关中民间普遍信仰的神灵之一，每个村庄甚至每家每户都供奉这一神灵，大大小小的土地庙遍布城乡各地。

关中地区明清时期的豪宅大院几乎都供奉有土地神，并为土地神修有非常讲究的砖雕殿堂，就是普通老百姓的家宅，也必修有土地神龛。

西安灞桥区张百万宅
影壁墙土地神龛
作者自摄

土地神是人们为看护自己宅院请来的"神"。人们为土地神所修的殿堂名曰"土地龛"。以土地为生的先民认为土地有负载、孕育万物及毁灭万物的力量，因此崇拜有加，敬土地为神，并定期举行祭祀仪式，祈求土地保佑，盼望土地赐福，世代感念土地神的恩德，善待我们赖以生存的脚下这片黄土地。

土地神，又叫社神。他们分管人间的某一地段，因此数量极多。古时各县城隍庙的土地祠里，供奉着本县域各村的地方土地神。而各堡村里的老百姓都希望得到土地神的保护，因此家家户户都在自家院里的影壁或二门两边建造形制不一、或繁或简的土地龛进行供奉。土地神属于基层的神明，有专家学者认为土地公为地方行政神，保护乡里安宁平静。也有专家学者认为其属于城隍之下，掌管乡里死者的户籍，是地府的行政神。

一般认为，土地神的管理范围与人间的村、镇同级，为城隍下级，是最底层的神。

据《礼记·祭法》载，在炎黄时代，天神共工的儿子句龙开疆拓土，在神州大地上遍植五谷，死后被奉为土地神。传说他是中华民族最早的土地神。

民间传说周朝一位上大夫远赴他地就官，留下家中幼女，家仆张明德带此幼女寻父，途遇风雪，脱衣护主，因而冻死途中。临终时，空中出现"南天门大仙福德正神"九字，盖为忠仆之封号。上大夫念其忠诚，建庙奉祀。周武王闻听，感动之余说："似此之心可谓大夫也。"从此人们供奉的土地神开始戴宰相帽。

据传汉唐之际，土地神由自然之神衍化为人鬼之神，并有了某某人死后做土地神的说法。明清以后，民间又多以名人作为各方土地。土地神职司保佑一方水土和一方人安宁，宋以后为民间广泛认同，土地神的崇拜也成为全民崇拜。由于土地神是民间俗神，地位低微，故不为历代统治者所看重。明太祖得天下后，取消了土地神的各种封号，只将其视为处于最基层的神明，庙宇很小，往往在城角村头立一个两三尺高的小庙而已。

在民间因供奉土地神多有灵验之事，故其颇受民间人士重视。富裕的人家不但把土地神龛修得精致，而且赋予其很多祈愿，如有的影壁上的土地龛所镌刻的对联是："进门土地堂，家有万担粮""土中生白银，地内出黄金"，有的土地龛联写道："感土赏运长，谢地赐福多""职司土府神明远，位列中宫德泽长"。

直到今天，关中西府的武功、凤翔、陇县，东府的合阳、澄城、白水等地乡民还保留着春、秋两季供奉土地神的乡俗。春季供奉的时间是农历正月初一到初五；秋季为农历十月十五日。两季供奉活动都

宝鸡乡村民宅土地神龛
作者自摄

清代关中土地公、
土地婆木雕像
三原博物馆藏
作者自摄

在傍晚时分进行。供奉的过程是：各家的主事人，从自己家地里取回一捧土，放在土地龛的祭祀台上，点上香火，供上祭品，在土地龛前拜上几拜。第二天清早，将这捧土送回原处。

春季祭拜土地神，是为了祈求当年风调雨顺，盼望土地神赐丰收和富裕给人间；秋季祭拜土地神，是为了感谢土地带给人间的好收成、财富和运气。

旧时乡间建新房，乡民必祭祀土地神后，才破土动工。房建好后，要制作五种供品和五种贡菜答谢土地神。据说旧时还有大谢土地神习俗，即杀猪宰羊，大礼祭拜土地神。

灶王爷

古时的关中人信奉灶王为"一家之主"，已相传了两千多年。自周朝开始，皇宫将祭灶列入祭典，后来形成"官三民四船五"的祭灶规矩。

凤翔一带的
土地神木刻版画

灶王，是玉皇大帝封的"九天东厨司命灶王府君"，人间称"司命菩萨"或"灶君司命"。农家人称灶王爷、灶王、灶君、灶神，关中方言称"灶火爷"。

那么，灶王爷是谁？自古以来，众说纷纭。

《淮南子》载："炎帝作火，死而为灶。"《周礼》载："颛顼氏，有子曰黎，为祝融，祀以为灶神。"《庄子》载："灶有髻。"司马彪注："髻，灶神，著赤衣，状如美女。"《杂五行书》载："灶神名禅，字子郭，衣黄衣。"《酉阳杂俎》载："灶神姓张，名单，字子郭。"《荆楚岁时记》载："灶神姓苏，名吉利。"

民间关于灶王爷的传说较多，有人说玉皇大帝的小女儿，贤惠善良，同情人间穷人，爱上帮灶烧火的穷小伙。玉皇大帝生气，将小女儿打下凡间受苦，王母娘娘疼爱女儿求玉皇大帝开恩，玉皇大帝才不得不放过女儿，封烧火小子为灶王爷，小女儿为灶王奶奶。

有人说很早年间，渭北地区有张姓兄弟俩，哥哥是泥瓦匠，弟弟是画匠。哥哥盘灶台最拿手，年久了，很有名气，人们都夸他垒灶手艺高，方圆千里，男女老幼，都尊称他张灶王。张灶王是个热心人。平时不管谁家垒灶台，他都热心前往帮忙。遇到村邻发生纠纷，他都上前劝解。他像一个有威望的长辈，左邻右舍有事都找他调解。

流传于民间的祭灶神画

张灶王夫妻活了七十岁，腊月二十三深夜，一同寿终正寝。他弟弟年已花甲，只会绘画，从未管过家务。哥哥去世后家里乱了套，几个儿媳妇闹着要分家，吵得画匠心烦意乱。突然，他想出了一个治家的好主意，便紧闭房门，日夜忙着画哥哥、嫂嫂的图像。次年腊月二十三，是张灶王夫妻亡故周年祭日，弟弟深夜呼叫："大哥大嫂显灵了"，并将全家人引到厨房。黑漆漆的灶壁上烛光若隐若现，显出张灶王和妻子的

关中西府一带的灶王爷木刻版画

容貌。弟弟说："我梦见大哥大嫂成了仙，玉皇大帝封大哥为'九天东厨司命灶王府君'。你们平素好吃懒做，妯娌不和，闹得家神不安。大哥大嫂很气恼，准备上天禀告玉皇大帝，年三十晚下界惩罚你们。"儿女侄媳听罢，个个惊恐万分，跪地磕头，恳求饶恕。街坊邻居知道这件事后，都来找弟弟打探虚实。弟弟假戏真做，便把玉皇大帝封大哥为灶王的话，重复讲给大家听，并把画好的灶王像分送给人们，让他们在各自家灶房锅台上方，贴上灶王爷画像。从此各家安居乐业，和睦相处，过上好日子。由此传开，更多的老百姓开始供奉灶王爷。

民间老百姓流传说，灶王爷上一年除夕下界，一直留在家中管理灶火，保护和监察一家人。第二年腊月二十三升天，去向玉皇大帝汇报一家人的善行或恶行。于是，灶王爷被称为"东厨司命主""人间监察神"。流行于关中民间灶王爷画像两边的楹联常见的有：横批"一家之主"，联句"上天言好事，下界保平安""上天言好事，回宫降吉祥"。

传说归传说，旧时的关中人家，几乎家家厨房均设有灶王爷神龛，一年四季供奉灶王爷确是事实。

关于灶王爷的传说历来很多，甚至连一人、两人或者男女相貌都众说纷纭。不过现在关中供奉的似乎都是东厨司命定福灶君，是一对老夫妇并坐，或是一男两女并坐。灶王爷要管家人吃饭，保护一家人安康、团圆，还监察家家户户的"善恶功过"，上天向玉皇大帝禀报，玉皇大帝据此决定人的寿限，所以灶王爷又被称为"东厨司命"。老百姓不敢得罪这个神仙，供奉香火自然是旺盛无比。

过去关中人家祭灶王爷，十分严肃认真。在黄昏入夜时，一家人在灶王爷神龛前，摆上用小米熬的糖瓜及面花、香纸、钱币，磕头烧香。男主人在灶王爷嘴巴上涂糖水说："上天好话多说，坏话不说。"然后，将灶王爷神像揭下，放入灶中燃烧，送灶王爷从烟筒升天。有的地方，还用纸扎竹马和喂牲口的草料，堆在院子与灶王爷的神像一起焚烧。一家男人围着火堆，磕头祷告："今年又到二十三，敬送灶君上西天；有壮马骑有草料，一路顺风平安到；供的黏糖甜又甜，请对玉皇进好言。"

民间供奉灶王习俗至今不衰，家家灶王神龛，四季香火旺盛。每年的腊月二十三，也就是年俗中的小年，小年源于上古时期人们对火的崇拜，这天晚上要送灶神。不过在不同地区，小年具体日期并不相同，北方大部分地区为农历腊月二十三，南方有些地方则是腊月二十四，甚至在一些日历上，腊月二十三和二十四都被标为"小年"。

据说到了清朝，为了节省开支，皇帝会在每年腊月二十三祭神的

民间传统白描
灶王神图案

时候，顺便把灶王爷也拜了。关中有些地方有从南方迁徙来关中或做官或经商的后代，有在腊月二十四祭灶的习俗。

关中地区，西府人请灶王爷很讲究：四口灶、六口灶甚至原来大户人家八口灶，意思就是灶王爷像上面有几个人，鸡和狗都不在一个方向放，灶王爷像贴在墙上，上面的狗必须是向门外咬。民间灶王爷像一般贴在锅灶正上方。

民间一直流传有"男不拜月，女不祭灶"的旧俗。祭灶时，女人只能站在远处观望，不能参加祭拜活动。据说，灶王爷长得白净，怕女人祭灶有男女之嫌。腊月三十晚，灶王爷带着一家人应得的吉凶祸福，与其他诸神回到人间。到时家人要接灶，在神龛里贴上新灶王爷像，换上新灶灯，定时燃香就行了。

子牙塔

过去关中人在盖房上梁时，总会在大房上中檩这一天，专门请人用毛笔在红纸或红布上写"姜太公在此，诸神退位"或"姜太公在此！大吉大利！"等话语贴在梁上。意思说，天下最大的神，姜太公在这儿，妖魔鬼怪不要到这儿来。上完梁架后，主家开始宴请建房的大木作、泥瓦匠人和来祝贺的亲朋好友。后来慢慢变成了老百姓盖房上梁的固定习俗。民间传说中，三清在嵌压封神榜的时候，确定了三百六十五部正神。而姜子牙命中无福成正果，原始天尊知其赤诚、正直，而且其曾在麒麟崖上攻读兵书四十载，有才干，精通六韬三略。所以派他下界顺天道，助周家得主天下，享位极人臣之福。其间原始天尊赐姜子牙打神鞭，封神完毕之后，姜子牙奉还此鞭，原始天尊念其封神有功，故而不收，并特许他可云游众神部，每去一处，该部正神暂时让位，就是所谓的"太公在此，诸神回避"，也有说是"太公在此，诸神退位"的缘由。

还有的地方或人家贴"姜太公在此，百无禁忌"的红纸。这来源于另一个有关姜子牙的传说：姜太公三次来到同一个地方，发现有一

合阳一带民居屋脊
子牙塔　作者自摄

药王山药王庙屋脊琉璃
子牙塔　作者自摄

户人家老是在盖房子。他很纳闷，就问这户人家："你家为啥年年要盖房子呢？"主人说："别提了！我家房子一造好就被火烧掉，已有好几次了。"姜太公说："你家这次上梁，我来看看。"他关照主人在上梁的隔夜，多做些糕团。上梁那天，姜太公叫瓦、木匠将糕团搬到屋面上向下抛，四面八方的村民见到抛糕团，便纷纷前来争抢，一时间好不热闹。事后，主人家问姜太公为啥要这样。姜太公说："上梁时来抢糕团的人多，这些人各种生肖都有，十二生肖凑满，火神菩萨就不敢来烧了。"果然，房子盖起后一直没被火烧。后来，人们在造房子时就抛撒糕团或小饼，并贴上"姜太公在此，百无禁忌"的红纸。

在关中各地古民宅正房的房脊正中安装有一座精致的砖雕塔楼。经多方打问，老百姓言叫"子牙塔"，这是老百姓专为姜子牙修建的神邸，用以镇妖辟邪，护佑家宅平安。据说这个习俗来源于姜太公的传说：姜太公封神时大公无私，最后所有的神都封完了，唯独忘了封自己，剩下自己无处可去。没办法，他只好爬到人家盖的新房屋顶上，替百姓祛除诸邪，护宅保安康。因此关中的老百姓在建房时总会在房脊正中，虔诚地为姜子牙修筑塔楼作为镇物，并加以礼敬。

第十一章 关中古民居常用的镇物

在关中地区除了用前文讲到的拴马桩、门枕狮等显耀门第、镇宅外，用镇物镇宅也是关中黄土地上流传的一种古老的民间习俗。这种习俗主要以法术或咒符、器物，安定家宅，保护家人平安。

用镇物镇宅是我国传统吉祥文化的一种重要形式。

关中地区自明清以来遗存的古民居中，还残留着一些古老的、形式多样的镇宅形式，如用瑞兽狮子、泰山石敢当、五行八卦福、镇宅宝剑等镇物镇宅。了解这些流传悠久而古老的民间风俗，对保护我国民间传统文化有深远的意义。

中堂狮子（守财狮）

中堂狮子亦称镇宅狮子，这种狮子常被人们放在影壁下或者正房的堂屋前，当然也有放在大厅的木制屏风前的。中堂狮子是一种嘴含绶带、不分牝牡、抬头凝望前方的独坐狮子，关中民间习惯称为守财狮或中堂狮子。根据实际需求，可制作成大小不等的狮子。这种狮子有镇宅、辟邪、守财之意。故古时的大户人家常请工匠打造中堂狮子，选位安放，来用其镇宅。

中堂狮子
旬邑唐家大院藏　作者自摄

中堂狮子
西安民俗艺术博物院藏　作者自摄

周至楼观台明代铸铁
风水镇山狮　作者自摄

风水镇山狮

　　除用中堂狮子镇宅外，在黄土地的山塬地区还流传用体形稍小的狮子作为镇物来镇宅。按民间当地的说法，自家门前若有恶山邪水，就会有灾患隐现，就得打一个石狮子放在墙上。不管哪一方邪祟，狮子都可以将其镇住。

　　民间传说的"毛鬼神"是扰害家庭平安的鬼祟。传说中的"毛鬼神"既可以搬弄他人财物，又能够致人以病。据说"毛鬼神"的性情喜怒无常，有时害人，有时帮人，有时作弄人。乡民常说的"跟上了毛鬼神"，就是指"毛鬼神"纠缠某个人，使某个人身附"毛鬼神"的阴魂，以致破财招灾。而"倒藏毛鬼神"指的是来无影去无踪地搬弄财物，或聚或散地搅扰家庭的安宁秩序。因为"毛鬼神"不是一般的鬼怪，关中北部地区民间，通常用请"神"或抬"神楼子"来禳镇。一般由本庄的神庙会长主持，神庙会长边念叨咒语口诀，边用高粱秆做的弓箭、杆杖、菜刀、小镢头、狼牙刺和扫帚等物件驱赶。大禳之后是大送，随之"鬼神"也就游离在硷畔外的十字路口了。另者，神庙会长请"神"降旨，要求在院落的墙头上摆放镇宅石狮。当地人认为，家舍宅居以后就再不会出现类似"毛鬼神作害老家亲"的现象，也不再有"毛吆吼叫，阴魂附体"的现象。

　　祖祖辈辈生活在黄土地上的人们有自己的一套对阴阳结构本身的理解。他们认为，阳世的人必须敬奉阴间祖先的亡灵和神鬼判官以求得阴阳互补。同时，他们也自然会把处于人鬼两界的神狮，比作掌管阴阳八卦并导引人们趋善避恶的灵物，怀抱八卦的镇宅小石狮便是例子。安放镇宅石狮是为了安镇，安镇的目的是在安吉。石狮子则是最有效的镇物。

　　有关狮子做镇物的例证，唐代遗留的石狮子身上就刻有"北方黑狮子镇其宅……孩子夜啼不住，但将狮子镇其旁"的字。

镇山的小石狮似乎明显区别于炕头拴娃的小石狮。从外部形象上看，它们各自都有特定的造型模式。一般而言，镇宅石狮要凶，拴娃娃的小石狮要和善要笑；镇宅石狮多为直面仰视，炕头石狮则扭头凝视。再从体量上看，镇宅石狮类似于陕北乡野间的照庄石狮和镇山石狮，所以镇宅石狮的体块都比炕头石狮大一些。另外，有些地方当一尊炕头石狮完成了"拴娃娃"的使命后，许多主家便把它搁放在窑洞掌炕的正堂中间或家门窗拐子的土台上。这样，炕头石狮又要履行"镇宅"的功能了。

有些居住在河沿岸的川道上的老百姓，至今还流行在墙头上搁放镇物石狮。按照当地的解释是：这些主人家的大门外面有条河和深沟不利于聚财揽宝，放一尊石狮是为了不让"财气外流"。另外，若是庄户人的家里多有凶事，出现男人寿不长、子续不旺，以及家人患病久治不愈等情况时，也得打制镇山石狮，并虔诚地请来放在镇位上。在乡民眼中，石狮子能超越任何个体能量而带来福祉，民间老百姓也相信搁放石狮子就能一扫往日的晦气，并带来福泽桑梓的好运气。

风水镇山狮
关中民间藏　作者自摄

青石镇狮
关中民间藏　作者自摄

炕头狮子（拴娃狮）

旧时关中大户人家，常有一种小型"耍户狮子"，民间常称"炕头狮子"。这种个头相对较小的石刻狮子（高 10—20 厘米），一般都放置在卧室的窗台上或炕头上，关中农家称之为炕头狮子，在陕西北部地区也有称之为"拴娃狮"的。

关中民间炕头狮子（拴娃狮）　　民间私人藏　作者自摄

旧时关中民间，医疗条件差，妇女土法产婴如过鬼门关，婴儿出生死亡率极高。故民间对怀孕、生育、育幼等极端惊恐，惶然无措进而求助于神祇保佑母子平安，人丁兴旺。

民间根据不知哪辈人留下的传统旧俗，认为妇女怀孕后，在炕头上放置一只石狮娃，并在石狮娃身上拴系一根红绳，这样既可把孕妇怀的胎儿的灵魂拴住，又能保佑母子平安。炕上放有石狮子，屋里就会充满阳刚之气，母子就不会受到阴邪之气的侵扰。这在精神上给人一种慰藉和寄托。实质上这种小石狮，也有实用处，当婴儿长到自己会爬的时候，这种炕头上的小石狮就成了保护婴儿的用具，平时大人在忙家务时会用一条 1 米长的红布带子，一头拴系在婴儿腰间，另一头拴扎在小石狮上，这小石狮既可做婴儿的玩具，又可以拴住娃娃，在一定范围之内活动，避免婴儿乱爬乱动从炕上滚到地上。因此，"拴娃狮"也叫"保锁狮"。可能地域不同，赋予这种小石狮的含义也有所区别。但不管怎样，炕头狮子除有实际的功用外，更深的本意还是祈福、驱邪、保儿孙平安。

镇纸狮

在关中民间还有流传于文人桌案的一种小型狮子，高七八厘米，用常人的手掌可以轻松握住。文人们常以此狮子当作压宣纸的镇尺使用，故此类型狮子被人们称为镇纸狮。

民间书画家所用的镇纸狮　民间私人藏

石敢当

石敢当，也叫"泰山石敢当"，是一种历史悠久的镇物。此物可在道路、河流直冲住宅等情况下使用，意在祛祸纳福，护佑人宅平安。

我国自古有用石头镇宅的风俗，古人认为灵石可抵挡一切妖魔。关于"泰山石敢当"的来历，民间有多种传说。《辞海》这部颇具权威的书就收录有"石敢当"词条。"石敢当"出自《急就篇》："师猛虎，石敢当，所不侵，龙未央。"唐朝的颜师古在给《急就篇》做注解时说："卫有石碏、石买、石恶，郑有石癸、石楚、石制，皆为石氏，周有石速，齐有石之纷如，其后亦以命族。敢当，言所当无敌也。"对"敢当"的解释是一种大无畏的英魂气概。有说"石敢当"与女娲有关。当年黄帝与蚩尤大战，蚩尤所向披靡，猖狂至极，登上泰山大呼："天下有谁敢当？"女娲投下一块泰山石大声喝道："泰山石敢当！"蚩尤仓皇落败。黄帝于是遍刻"泰山石敢当"，用以震慑，并最终打败蚩尤。

另有传说石敢当是一个人，他出生在泰山脚下的一个石匠之家，少年时便牢记师傅"学医先学把人做，习武更要修自身"的教诲，疾恶如仇，敢做敢当。后经泰山主神碧霞元君的点化，更是功力大增，驱妖降魔，所向披靡。他神剑在手，威震八方，又悬壶济世，为民祛病，因而有"石将军""石大夫"之称。各地求救者络绎不绝，因分身无术，他便把"泰山石敢当"五个大字刻在泰山石上，撒遍神州。

在历史的演变中，石敢当在全国乃至世界各地形成不同版本的民间故事，广为流传。为什么在"石敢当"前面要冠之泰山，而不是其他的山岳，究其根源：巍巍泰山，五岳独尊，自古以来就有"泰山安则天下安"之说，泰山遂成为中华民族的象征，成为中华民族有代表性的民间信仰。

借助泰山的神威来镇宅驱邪。"泰山石敢当"以其凛然正气、所向无敌的形象被国人普遍认同为"平安符""保护神"。它所蕴含的吉祥、平安之意，承载着广大中华儿女的美好理想，其形成的习俗被代代延续。

通常的石敢当是在一方形石碑上刻"石敢当"或"泰山石敢当"字样，并在碑的上方浮雕狮首或虎首。狮或虎都是百兽之王，有较好的镇宅避邪的作用，同时狮是吉祥如意的化身，虎是四大神兽之一，也是祛邪纳福的"大将"，二者都有招财进宝的效用。因而，此种制式的石敢当不仅在挡煞方面有极强的作用，在祈愿、纳福方面也有很强的神性。

民间在设立"泰山石敢当"时也深有讲究，认为必须选择冬至后的龙虎日（即如甲辰、丙辰等），先选长石雕刻，在除夕夜，以生肉三斤祭拜，新年正寅时将其竖立于选定的家中或者墙外的位置即可。

韩城古民居所用不同
形式的石敢当
作者自摄

五行八卦福

古时关中民间流行的五行八卦福，是由道士根据五行八卦所画的一种"符"，后来衍生出了铜制的物件和画匠画的画片，渐形成乡民请道士用这种五行八卦福来化解犯太岁的习俗。"太岁头上动土"这个传说源自汉代，传到后世愈禁愈严，愈来愈烦琐，凡是太岁所在的方位及相反的方位，都不可动土营造，违反这个禁忌的人，就会招来灾祸，遭到厄运，后来就慢慢转变为比喻触犯凶恶的人，以至于遭到祸殃的俗语。"不得在太岁头上动土"是我国民间遗留的一句俗语。关中民间传说，如在太岁方位动土，就会挖到一种会动的肉块，即是太岁的化身。如果人的命运正旺还不至于怎样，运气不佳，则会遭到丧亡的灾难。因而人们最怕遇到太岁，常常畏之如虎。民间常把那些凶恶、难惹的人称为"太岁"。"胆敢在太岁头上动土"也就成了恶霸们吓唬人的口头禅。

据史料记载，太岁是古人假定的一个天体，它和岁星（木星）运动速度相同，而方向相反，太岁到了哪个区域，相应的就在哪个方位地下有一块肉状的东西，它就是太岁的化身，在这个方位动土就会惊动太岁。这就是"太岁头上动土会有灾祸"的由来。

古时民间认为，宅犯太岁，动辄招凶。在太岁方位动土，如果宅主人鸿运当头，命运正旺，则相对无事。如果宅主人流年不利，运气不佳，

现代印制的五行八卦福

轻者破财，严重者会有意外之灾，如身患疾病、家出事故等灾难。说到动土，还与建房、装修等有关。大家可能会看到老皇历上有时写着"日值岁破，诸事不宜"八个字，岁破日与岁破方类似，指与当年太岁相冲的日子。为防太岁，岁破日不可建房、装修、搬家、结婚、祈福等。

民间流传的化解方法：太岁方已经动土了，当请五行八卦福来镇宅化解。五行八卦福分别用于卧室、客厅等主要房间镇宅护佑，催动五行流通生旺气，调节阴阳和谐保安宁。

八卦镜

关中地区老百姓旧时有使用八卦镜避邪化凶的风俗。

道家认为镜能照妖。葛洪在《抱朴子》中说："万物之老者，其精悉能假托人形，以眩惑人目而常试人，唯不能于镜中易其真形耳。"唐代诗人李商隐也有"我闻照妖镜，及与神剑锋"的诗句。旧时寺庙神像塑成后有"开光点眼"仪式，即在吉日正午时分，先用红绸在神像面部拭擦，然后再用镜子将阳光反射到神像全身，意谓驱逐邪祟，正神归位，最后用新笔在神像眼、鼻、耳、嘴处点，意谓神主七窍开通，耳聪目明，始有灵气。民间则将镜子挂在门楣驱邪保平安。关中人对镜子的信仰由来已久。据《西京杂记》记载，汉宣帝在登极之前曾坐

根据实景资料绘制的
关中西府一带民居
院落门楼　陈中华画

过牢房。他"系身毒国宝镜一枚，大如八铢钱。旧传此镜见妖魅，得佩之者为天神所福，故宣帝从危获济，及即大位，每持此镜，感咽移辰"。关中旧俗认为镜子不但可以照见鬼魅，而且能将其反射出去。民间相信鬼魅只会走直路，不会拐弯，因此大门如果正对着路口，鬼魅就容易进入，门上必须安装一面镜子借以反射鬼魅。

　　流传于民间的说法认为妖魔鬼怪最忌照镜子，因为一照便会现原形，再无法作恶逃遁。如遇墙壁指向大门，则认为其是"土剑"；如遇大树指向大门，则认为其是"木剑"。剑是伤人之物，如有此种情况，门内居民容易遭灾，要在门上安装镜子以禳灾。

流行于澄城、白水一带
安装八卦镜的民居门楼
作者自摄

平时老百姓遇生活不顺，或遇小孩受惊夜啼不止、家人突然生怪病无法医治，或因宅居朝向不吉、两邻屋大门相对、自己家的大门对着别人家烟囱而无法商解等，都会在大门的门楣间或窗户上方悬挂一面镜子，期待住户逢凶化吉。

　　在关中民居中，除用过去的铜镜和普通的镜子镇宅外，还有用厂家专门生产的八卦式样镜子的。除安放在大门上方外，还可安放在影壁墙上、院内房屋正门上方、窗户上等，根据需求不同有不同的悬挂方式。

　　除上述几种镇宅形式外，在建造房屋上房梁时还要在房梁上贴上或画上八卦符号（也有贴"福"字）用以祈福平安。关中民俗中的镇宅形式从侧面反映出我国传统文化习俗的多元源流。

第十二章 关中民间的敬惜字纸习俗

在关中大地上行走，尤其是在民风醇厚、古风浓郁的老村庄会发现一些保留下来的优秀传统文化习俗。笔者首次来到韩城的党家村拍摄民居时，偶然在一户人家的墙外发现了一座高 1 米左右、制作精美的砖雕楼式堂阁。初始还以为是土地爷神龛，仔细看，发现刻有"惜字"的文字。出于好奇，在村庄多方打问，了解到这是古人深爱并崇敬写有文字的纸片，收集在一起用火焚化的"敬字楼"。

村里读过书的老人讲：古时，党家村村内，有很多档次不一的敬字楼，后来"文革"时"破四旧"陆续被毁。这些敬字楼都是由大户人家自己造建在自家门旁或村街巷边。平时会由大家共同出钱，每一街巷雇一个老人，专门负责在大街小巷捡拾掉落在地上的字纸，其中包括学童练字遗留下的废纸等。只要纸上面写着字，或印有文字，都会被捡拾起来，一并倒入街头巷角的各个敬字楼。

这种敬惜字纸楼，因修建样式不同，在各地叫法不同，称为敬字楼、惜字塔、惜字楼、字库塔、圣迹亭、敬字亭、文风塔、字纸炉等。不管

画意关中　陈中华画

韩城党家村古民居
街巷门外的惜字楼
作者自摄

名称有何不同，但本意皆是出于古人对文字的敬畏，古人提倡"敬惜字纸"，一纸一字均须好好珍惜，不可玷污浪费，即便是废纸，若写有字也不能随意丢弃，须收集起来到特定的地方焚烧成灰。

中国人对于字有一种特殊的崇拜心理，认为字是神圣的，有字的纸是不能随便抛掷的。古时家家都有一个字纸篓，正面贴红纸，上面写着正楷"敬惜字纸"，并且把字纸篓挂在一个明显的地方，平时用来收集字纸，收满后倒入村内专门的字纸炉内焚烧，焚烧时还要默念口诀"过画存神"。这种字纸炉则是专为焚化字纸而建造的。每隔一段时期，会有人将炉内的纸灰集中取出，然后撒入村旁的河流中，以示对文字的敬重。这种敬惜字纸习俗，源于古人"字乃神传圣授"之思想，更因为文字能够使人知古识今，其功用于世甚大，所以必须加以敬惜。

在中国古代文化传统中，敬惜字纸不仅是一种理念，也是一种美德，表达了古人敬重文化与文字的思想。相传中国的汉字是由上古的仓颉所发明，历朝历代的帝王将相以及平民百姓都非常敬重文化，久而久之，古人认为应该尊敬与爱惜有文字的纸张。敬惜字纸在中国具有悠久的历史，在宋代就已经存在。那时的传统规定，不能随便丢弃或是糟蹋带字的废纸，也不能用带字的纸糊窗户，不能把带字的纸与其他杂物放在一起。正确的做法是，把带字的废纸放进字纸篓，专门收集后焚烧，当然这样的纸灰也不能随便丢掉。每过一段时间之后，专门的人先要祭拜仓颉，之后将纸灰撒到江河或是大海之中。这就是"送字纸"，也称为"送字灰"。

关中民间流传：敬惜字纸的习俗与文昌帝君信仰有十分密切的关系。文昌帝君是民间敬奉的主管文运的神灵。写字是文人必备的一种技能，所以文昌帝君也得负责敬惜字纸的工作。于是民间就出现了所谓的《文昌帝君惜字功律》，意在劝人敬惜字纸。

文昌帝君是怎样规定人们敬惜字纸的呢？光绪十三年《惜字律》中的"敬字纸功例""慢字纸功例"是用"功过格"的形式，分别规定对敬惜字纸或是侮慢字纸的奖罚措施。里面还有以文昌帝君口吻所写的"劝惜字纸文"，还附有"敬字十凡例"，被看作文昌帝君制定的天条圣律。《惜字律》以敬惜字纸为着眼点，劝导人们爱惜书籍，受过传统教育的人一般都有爱惜文字的良好习惯。

古人虔敬天地，珍惜文字，焚烧字纸是他们对天地万物以及前人思想智慧文化结晶特别是文字书籍表达敬意的一种方式。现如今已经难以考证敬惜字纸的习俗起源于何时，但其"敬惜"的根本思想理念与儒家尊孔尚儒的思想相辅相成。

从南北朝著名的文学家、教育家颜之推所著的《颜氏家训》中字纸有"五经词义及贤达姓名"不可秽用的记载和敦煌变文中"字与藏经同"等记载来看，早在南北朝时期我国敬惜字纸的习俗就已经存在了。

素描写生关中古村惜字楼
马杰画

画意关中　陈中华画

民间认为敬惜字纸的人能得到文昌帝君的庇佑，获得福报。

据说，司马光喜读史书，家藏万卷，每当读书之前，要先检查桌面是否干净，再铺上桌布，然后坐端正开始阅读。他从不直接用手拿书，而是以特制的四方木板垫在下面承书，防止汗渍污损书页。他教育其子说："对做生意的人来说最宝贵的是货物，而对读书人来说最重要的财产就是书籍了，所以应当珍惜。"

北宋名相王曾之父爱惜字纸，见地上有遗弃的，就拾起焚烧。即便是落在粪秽中的，他也会设法将其取起来，用水洗净，或投之长流水中，或等候烘晒干了，用火焚烧。如此行之多年，他收拾净了万万千千的字纸。一日，妻有娠将产，忽梦孔圣人来吩咐道："汝家爱惜字纸，阴功甚大。我遣弟子曾参来生汝家，使汝家富贵非常。"梦后果生一儿，因感梦中之语，就给孩子取名为王曾。后来王曾连中三元，官封沂国公。

民间有"敬字有功，慢字有罪"的说法。民间传说有字的纸张不能垫坐屁股底下，否则屁股会长疮，而用印了字的纸拭秽更要遭到报应。

民间有一传说，一女子用字纸拭秽，扔入便桶，遭雷击跪倒。很多家族都口口相传：手不干净不能触摸亵渎书本；写过字、印过字的纸不可随意丢弃地上，不能垫坐屁股底下，更不能拿去"揩屁股"。

韩城党家村古民居邻里间修建的惜字楼　**作者自摄**

由此可见，敬惜字纸是中华民族自发自觉的普遍行为，是数千年文化的沉淀积累，是与功名利禄毫无关系的广泛流传于中华大地对文字敬重的良好习俗。

民间有诗言："敬惜字纸万世兴，置于污秽瞽盲穷。莫道无人查稽记，举头三尺有神明。""世间字纸藏经同，见者须当付火中。或置长流清净处，自然福禄永无穷。"

古人把字纸等同圣人。纸写上字是文章，是书，文字通过排列整理变成传承前人智慧文化的书籍。书中智慧如此耀眼，给读者无穷启发，让读者心神震撼，犹如跨越千年翻越万里亲自聆听圣人教诲。写有字的纸，文字是灵魂，纸张是肉体，字纸若圣人，所以对待文字与对待神明、孔圣、祖宗无异。在以"敬"为基础构成的中国古代社会中，在儒家思想的影响下，因为汉字神圣、美好、特殊的意义，作为造字神的仓颉也就享受着非同一般的待遇。据《平阳府志》记载，上古仓颉为黄帝左史，生而四目有德，见灵龟负图，书丹甲青文，遂穷天地之变，仰视奎星圆曲之变，俯察龟文、鸟羽、山川，指掌而创文字，文字既成，天为雨粟，鬼为夜哭，龙为潜藏。仓颉作为儒、释、道三教所共敬的神，为国人敬仰。

中国汉字是世界上奇特的伟大的创造性文字，它模仿天地万物而造，具有其他文字所无法比拟的艺术性，可以形成书法，可以无视地域差异、脱离语音差别而独立存在，可以相隔千里、相距千年却能够保持稳定。种种特性使我们今天仍能毫无困难地阅读数千年前的书籍、文字。几千年文明不断，在漫长的历史进程中，中华民族虽历经无数战争甚至面临亡国灭种的危险，依然能倔强立于世界。可以毫不夸张地说，汉字是我们民族伟大的发明，也是我们民族几千年文化延绵不断的灵魂。

第十三章 古时关中人的敬树种树习俗

　　古时关中人在长期的生存过程中，特别重视人与自然的和谐相处，对居住地周边环境爱护有加，信奉"天人合一，万物有灵"的观念。在漫长的历史演进过程中，关中人受到众多因素的影响，逐渐形成了在家宅居住地敬树种树的文化习俗。

　　在关中民间，老百姓除对民居地的树木栽种比较讲究和重视外，还把分布生长在各地的古树名木当作具有特殊功用的灵物而崇拜。这些散落在关中各地的古树因树形奇特，生长年代久远，而且多与历史上的帝王将相、名臣大儒、圣贤雅士的传说故事相互映衬，而富有传奇色彩。

　　散布在关中黄土地上的古树名木难以计数，被人熟知的如黄帝陵的黄帝手植柏、白水仓颉庙的仓颉手植柏，据说距今已五千多年。周至楼观台的椋榆、铜川唐朝玉华宫旧址由玄奘法师手植的娑罗树、西安罗汉洞村古观音禅寺唐太宗手植的千年银杏树、耀州静明宫药王手植柏、白水云台镇冯家山村的汉代国槐、三原东里堡李靖故居的柽柳、临潼骊山唐明皇杨贵妃合植的皂角树等等，不胜枚举。留存于关中乡野不为人熟知的古树更多，不再一一列举。

　　古时关中人不但对古名木崇敬，还对自己生活的乡村村口、河边的古树或庙前的独树也很崇拜。他们认为人活不过百年，而这些几百年甚或千年古树常年吸纳大地之气、享受日月雨露之润已具有神性。

黄帝陵黄帝挂甲柏
作者自摄

周至楼观台榔榆
（铁锈榆）古树
作者自摄

民间老百姓常认为树木是有生命和灵性的，树木花草间存在着一种神秘的"场"，家宅周边草木郁茂，会吉气相随，生活在这个"场"中，能护佑家人平安、健康。关中大地长期流传有家宅附近"木盛则生，益木盛则风生也"的说法。另外，民间老百姓深受祛邪求吉思想的影响，认为只要虔诚地爱护这些具有神性的古树，就能给自己的家族带来福报和好运，反之有意去毁坏，就会给自己带来不幸和祸患。几乎在每一处生长有古树的古村落，这些古树枝条都绑满许许多多祈福护佑保平安的红布条，走进村庄随意与墙根晒太阳的老者闲聊这些古树，

横渠张载祠张载手植柏
作者自摄

就会听到许多久远的传说和有趣的逸事。

　　例如民间流传门口所栽种树木的品相、形状、荣枯、生长方位及树种等与家族的兴盛、家人的成长息息相关。如："乡野居址，树木兴则宅必发旺。树木败则宅必消亡。大丛林大兴，小丛林小兴。不栽植树木，如人无衣、鸟无毛，裸身露体。""门前应明净无遮蔽，宅后宜浓郁茂盛。茂盛四时形不露，安居长远禄千钟。唯有其草木繁，则生气旺盛……斯为富贵。"

　　受此影响，老百姓热衷于在房前屋后广植树木。尤其是对独宅（四周无邻可依）而言，周边种树有以下作用：

　　聚气：郊野地区，一片空旷，气荡无收，可栽种树木来划分空间，使住宅有良木所依，并可从视觉上缩小住宅范围，使之有团聚的气象。

　　蔽风：关中山塬平地，土厚风刚，冬季北风冷冽而强，对人、畜及农作物皆有害，广植林木可以蔽气挡风。

　　遮形：住宅对面若有崩裂破面的山、屋角、墙角、烟囱以及于家宅不利的地形，可通过植树或种植藤类植物，用绿色的叶子来遮蔽。

　　古人不仅对民居周边种树重视，对家宅内院种植树木也很讲究。古代先民认为，天下万物皆由五类物质组成，分别是金、木、水、火、土，彼此之间存在着相生相克的关系，也称为五行。五行又代表东、西、南、北、中的五个方位，因五行中的"土"居中，而按"木克土"这一流传于民间的说法，家宅院庭天井正中不可种植树，尤其是大树。

　　民间还流传，屋前屋后种树都要讲究距离，以免发生不好的效应，如：家门口正前方种树，犹如当头一棍；合院天井中，不要孤零零地只种一棵大树，形成口内添木为"困"之局，会令主家诸事不顺。

　　从科学角度来看，关中民居为典型的窄院形式，前后狭长，若在院中植树尤其大树对建筑地基和天井及房檐有很大的影响和破坏，也遮挡光线，影响合院的正房和左右两侧厢房采光。这点和北京宽大的四合院民居内多种树有很大的不同。

　　生活中凡事都讲究一个"度"字。房屋周边提倡种树，但也不能过多过密。树木过多并且靠近墙边，遮挡太多光线，造成房屋、庭院过于阴暗，且易被小偷利用，攀树入屋，损财失帛。树木多而茂密绕宅，会影响通风和光照，也容易被蛇虫鼠蚁所侵扰，树木夜间与人争氧（植物夜间吸氧）于主家健康不利。树木高大而又迫近屋院四周，房屋易被横枝扫瓦，如遇大风，断枝则易造成危害。

　　民间还传说如门前大树"树心空，而主心腹病；树枝烂，而主手足疮"，"柳树入宅大凶，树木向宅吉，背宅大凶。住宅四周竹木青翠，财运好。门旁槐、枣喜加吉祥"。可见人们已经意识到树与住宅、人的健康的互动作用，对门口种树特别在意。

　　院内种植树木太靠近窗口，晚上树影婆娑，可使人产生幻觉，仿佛鬼魅幻影，令人心神不安，影响健康。

　　关于在居住处栽树，流传的民谚有："前槐枣，后杏榆；东榴金，西柿银。""构树不栽前后院，柏树避免进家园。前枯树心易阴影，前藤万事多纠缠。""前不栽桑，后不栽柳，院中不栽鬼拍手。宅前不栽松，宅后不栽棕。"据说，"桑"连着"丧"，宅前栽桑会"丧"事在前，而柳树不结籽，房后植柳就会后代没有男孩。还有一说，后栽柳（溜）会跑光了财气。而门近前种多生的灌木或藤树，生长后犹如大草堆阻挡在门前，影响空气流通、阳光照射，不利于主家健康。

关中民居周边种树习俗
马杰油画

黄帝陵龙角柏
作者自摄

　　老百姓在长期的生活过程中，形成了许多固有的种植树木禁忌和避凶趋吉的栽种方法，如前院和后院内适合栽种的有槐树、椿树、桂树、榆树、枣树、石榴、银杏、海棠、梅树、玉兰、迎春、牡丹等寓意吉祥的树和花。

现实中关中人所形成的栽种树木习俗，对整个中国北方的种树习俗有很大的影响，和南方的种树习俗有较大的不同。

北方人对槐树（青槐也称国槐）非常崇敬，其民居大门前左右皆栽种槐树，这是因槐树代表"禄"，是三公宰辅之位的象征，古代有"三槐九棘"之说。据《周礼》所说，周代朝廷种植三槐、九棘，公卿士大夫分别坐在下面，以确定三公九卿之位，三棵槐树下的就是"三公"。后来，"三槐九棘"就指代三公九卿。槐树还被尊称为"瑞槐"，是长寿与富贵的象征。民间还因其音同"怀"，视为多子之兆，因此槐树在树木中地位最高。民间老百姓常把槐树栽在民居大门两边或庭院前用以镇宅。这就与流传于南方在门前不能种植槐树的习俗有很大不同。

榆树是大型落叶乔木，因其繁殖快，耐盐碱，能抗严寒，故在西北地区种植广泛。关中地区老百姓常把榆树广种在民居屋后的空地上，而且认为树形越大越茂盛越好，说这样能荫福后代，吉利多祥瑞，后代多钱多余粮。这是因为在初春时，榆树会结满榆钱，榆钱和余钱谐音，榆和余谐音。在民间，还认为榆树可以"做山"用，民宅背后有靠山吉利等。

在关中古老的村庄,时常会发现进村口、涝池旁、村庙前、家宅角边,长有浓茂的皂角树。皂角树每年能结许多皂角。在没有洗衣粉的年月,

三原嵯峨镇某村村口古槐
作者自摄

泾阳安吴堡安吴大院
门前槐树　作者自摄

皂角常被老百姓砸碎当洗洁剂用，能洗衣物也可洗发，洗涤效果非常好，深受老百姓喜爱。同时关中乡村旧俗还认为皂角树所长成的成熟皂角果实像黑色的长形刀具，树上挂满刀具能防"冲煞"，故老百姓根据需要把皂角树栽种在不同的方位。

古时人们还喜欢在家宅的花园栽种树形奇异的松树，但不是平常所见的松树。人们把罗汉松称为"金钱松"，栽于家园。民间流传有"种上金钱松，辈辈不受穷"的说法。另有将松树视为长寿的象征，为老人祝寿常写"松柏同春""寿比南山不老松"。松，耐寒，长青，为"岁寒三友"之一，又是高尚气节的象征。常以松鹤搭配示"松鹤延年"。

在关中地区，家宅植枣树，喻早生贵子，凡事快人一步。石榴树，蕴含多子多福、紧紧相连的吉兆，石榴花，充溢着富贵满堂的气息。

关中民间对银杏树也很崇拜，因银杏树寿命长，故被老百姓视为健康长寿、幸福吉祥的象征。民间也常把银杏树栽种在不同的方位作镇宅用。银杏树因其独特的树叶形状，又被视作"调和"的象征，并蕴含有一和二、阴和阳、春和秋等相生相合的特质，而被人们所崇拜。

桃树在关中地区有悠久的广泛种植历史。桃花娇艳可观赏，成熟的桃果可食用，桃木是民间传说的辟邪之物，古时春节所换用的桃符，就是用来祈福灭祸，压邪驱鬼。

民间有言"栽下梧桐树，引得凤凰来"，故人们也非常喜爱梧桐树。又因桐、铜音同，古代的钱币多为铜制，所以梧桐树为金钱的象征。人们喜欢在住宅周围栽梧桐树，原因就在此。

椿树，亦名"臭椿"（凤翔一带称作"樗樗树"）。民间又因椿、春音同，春为岁首，椿树因而成了兴旺发达的象征。《庄子·逍遥游》

云："上古有大椿者，以八千岁为春，八千岁为秋，此大年也。"所以民间流传栽种椿树具有长寿的寓意。流传于铜川一带的民间传说，光武帝刘秀曾封椿树为"树王"，故而对此树顶礼膜拜。传说椿树有吸收和聚集天地灵气的功能，家宅前面栽种可兴家旺业。臭椿树因其特性，故在民间流传有镇宅、祈寿、保平安的功用。

香椿树，在关中民间多种植。因春季早发，香椿芽还可作为时令鲜蔬食用。香椿木在民间被称为"辟邪木"，栽种此树有辟邪、兴家旺业之用。

民间相传月中有桂树，桂树所开的桂花即木樨，桂枝可入药，有祛风邪、调和的作用。人们把桂树栽种在家宅门口，意寓家中常迎富贵之气，代代出贵子。

梅树生命力极强耐严寒，在寒冬中开放，性高洁，花开五瓣，其五片花瓣有梅开五福之意。

竹是高雅脱俗的象征。竹子坚韧不败，四季常青，无惧东南西北风。竹常与松、梅相合，因这三种植物在寒冬时节仍可保持顽强的生命力而被人们称为"岁寒三友"。竹又与梅、兰、菊相合，被人们称为植物"四君子"，是中国传统文化中高雅、高尚人格的象征，受到人们的喜爱。古时就有"宁可食无肉，不可居无竹"之说。竹在民间常被用作家宅的防护林，适合栽种在住宅的两边和后面，家宅大门前忌种。

关中乡村生活场景　马杰油画

三原新兴镇东段堡古民居前的古槐　作者自摄

民间有在院内堂屋前栽种玉兰的习俗，有金玉满堂之意。

海棠，适合栽种在民居堂屋门前。海棠树开花时，满树开满鲜花，让人感觉家里充满富贵之气。海棠又素有"花中神仙""花中贵妃"之称。棠棣之花，象征兄弟和睦，家和万事兴。

迎春花，盛开时就像一条金腰带，古人认为家宅"金带缠腰"，家族定出贵人。

牡丹花，是中国传统名花，素有"花中之王"之称，在民间被视为繁荣昌盛、幸福富贵的象征。

以上简单地整理记录了几种民间常见的树和花栽种缘由。为便于记忆，形象地理解民间各种吉树种植规则，现把搜录的各种民居种植树木花卉民谚民谣收录在书，以飨读者。

门前植柳，珍珠玛瑙往家走。

门前植槐，金银财宝往家来。

杨柳桑不进宅，枣树石榴随便埋。

门前葡萄子孙多，银杏进宅满地财。

前兰后桂庭牡丹，迎门松竹梅耐寒。

影壁墙上爬山虎，金银菊花门窗前。

院植丁香香满园，留得清气是金兰。

槐树端坐门庭前，福禄镇宅把家看。

爷栽银杏孙取凉，健康长寿又吉祥。

香椿辟邪护平安，集聚灵气兴家园。

屋后种榆得吉利，背有靠山多有余。

门前栽桂出贵子，桂香扑面多福气。

海棠满院神仙地，其乐融融添富贵。

庭院植枣凡事快，早得贵子早如意。

庭院石榴添吉利，多子多福吉祥意。

桃花植院多爱意，紫气压过秽邪气。

梅树栽院无寒气，梅开五福增和气。

迎春高攀院中架，金腰带会门上挂。

玉竹邻墙绿满院，高雅脱俗福无限。

牡丹院落有繁荣，幸福就在平和中。

漫步在关中乡村，就会发现旧时关中古人深受这些种树习俗影响，对居住地树木的栽种特别讲究：大户人家的大门两边多古槐，房角多皂角；门前空地多栽种椿树、柿树、枣树、楸树、梧桐等；房后多榆树、花椒、香椿等；村中涝池旁多柳树等。时至今日，老百姓依然热衷于在房前屋后的空闲地栽种各种树木，这种流传种树习俗，不但能美化环境，荫福子孙，随着岁月的流逝，树木不停地生长，等到成材有用时，无形中也可为家庭累积一笔可观的资财。综合各类因素影响，流行于关中大地上的古老的敬树种树文化习俗，已深深地根植于关中人的血液里。

第十四章 从皇家到民间的古代建筑脊兽文化

　　行走在古老的关中大地，不经意间就能看到千百年来散落遗存在这块土地上那些饱经沧桑、充满文化记忆的老建筑，让人不由得会生出穿越时空的感觉。尤其是在晨曦微露的早晨，第一缕阳光照在这些古建群落上，首先被阳光照射到的是那些张口凝望苍穹、异常神秘的脊兽。这些象征着吉祥、美丽和威严，承载着震慑、去秽与消灾的脊兽和被安装在高大的古建筑正脊两边上的望兽，在异常宁静的清晨，给这些恢宏厚重的古建筑平添了一些神秘灵动的色彩。

　　古建筑最为灵动并使人产生神秘感的部件就是屋脊脊兽部分，尤其是古建筑的正吻。

　　民间传说认为"正吻是福祸之间的灵物"。这个物件安装在一栋建筑物的最高点。老百姓认为"它是离苍穹最近，冥冥中能与苍天对话的灵兽"。人们热衷在古建筑上安放这些脊兽，认为它们不但兼具建筑构造性和装饰性的实用价值，而且在民俗心理上还能起到镇宅、辟火、护佑平安的作用，所以自古以来中国人对古建筑脊兽的安放非常重视。

　　脊兽的发展经历了漫长而复杂的演变过程。纵观历朝各代留下的建筑脊兽遗物，以及墓葬、洞窟壁画中有关建筑脊兽的遗存，可以发

泾阳安吴堡迎祥宫脊兽
作者自摄

关中西府庙宇脊兽
作者自摄

现不同历史时期的脊兽皆具不同的时代特征和造型特点。经过细心的田野搜寻并结合史料，就可以慢慢品读出蕴于脊兽的文化内涵和演变脉络。

从不同历史时期人们对脊兽的不同称谓，以及初期的瓦片仿鸟尾翘脊—鸱尾—鸱吻—螭吻的演变历程，就可一窥中国脊兽深刻的文化内涵和厚重的演进历史。

黄河流域的关中先民，从穴居到在地面用茅草建造覆盖房屋，是从愚昧到文明的重要里程碑。先民在建造居屋时，发现山墙上顶与房屋坡面交会处的结合部位，是整座房屋建造最难处理的地方，也是屋顶的最薄弱处。一场大风或是暴雨就可能把屋顶掀翻或冲毁，现实中只有将薄弱处的茅草苦紧压实，才能保证居者屋顶的安全。

据说在商周时期聪明的先民已开始思考，用较多的泥巴和已损坏的陶片多层叠压在屋顶这一薄弱且易毁部位，人们把这些泥和陶片组成的突出部分叫"甍"。这就是后来的屋脊。甍的两端与山墙的结合部位比中间更易受损，因此所加的泥和陶片要多要厚，自然形成屋顶两端翘起的现象，这使已建成的房屋更生动有气势，后来人们便开始有意识对两端部位加以美化，这可能是屋脊出现鸱尾的最早雏形。

在关中大地原始先民的原始信仰崇拜中，动物崇拜占有绝对的优势地位，尤其是鸟崇拜。

《诗经》中有"天命玄鸟，降而生商"的诗句，意思是商朝的先祖起源于玄鸟（有的学者认为玄鸟就是燕子）。另据传说殷商的始祖契，是由他的母亲简狄吞燕卵而生，所以商王朝"崇鸟祀日"之风极盛。

兴起于关中周原的周人极其崇拜凤凰。凤凰，吉祥鸟，雄曰凤，雌曰凰，天下有德乃现。

在关中西府一直流传有"凤鸣岐山"的传说，原指周文王即位时，有凤凰在岐山栖息鸣叫。当时人们普遍认为，凤凰呈祥兆瑞，源于周王德政，象征周人将要兴起。

岐山是周王朝的发祥地。商代称为西岐，著名神话历史小说《封神演义》中就有"凤鸣岐山，西周已生圣主"的话语。《竹书纪年》曰："商文丁十二年（周文王元年），有凤集于岐山。"《国语·周语》载："周之兴也，鸑鷟鸣于岐山。"《诗经·大雅·卷阿》道："凤凰鸣矣，于彼高冈。梧桐生矣，于彼朝阳。""凤鸣岐山"这一传说在当时具有深刻的政治含义，它实质上是周人借助天命制造舆论、号召民众、兴周伐纣的一种政治策略。后来，文王仁德治国的影响力越来越大，以至于天下诸侯纷纷前来归附，好似"百鸟朝凤"一般。至今在关中西府一带对凤鸟的崇拜仍深深根植于这块神奇沃土。

现今在岐山县仍然流传着这样的民间故事：周武王伐纣灭商的那天早上，一只凤凰在高冈上鸣叫不息，那声音似乎在说："伐纣灭商！伐纣灭商！"众军民听罢精神大振，认为灭商兴周是天意。于是在武王率领下，伐纣大军浩浩荡荡地出发了。不久一举灭商，建立了西周政权。所以周人崇拜凤凰有很深的渊源，这是我们解读关中地区脊兽鸟形崇拜重要的历史依据。

春秋战国时期，战乱频繁，老百姓始终生活在不安的生活状态中，从精神上对自然神灵、仙兽的崇拜日渐增强，迫切需要一种灵物异兽来祛灾辟邪，佑护宅安。

传说中有一种像凤一样的神鸟，人们可以把它的形象请来安放于屋脊两端，能起到保护主家宅邸平安的作用。晋王嘉《拾遗记》卷一载："尧在位七十年……有祇支之国，献重明之鸟，一名双睛，言双睛在目。状如鸡，鸣似凤。时解落毛羽，以肉翮而飞。能搏逐猛兽虎狼，使妖灾群恶不能为害。饴以琼膏，或一岁数来，或数岁不至。国人莫不扫洒门户，以望重明之集。其未至之时，国人或刻木，或铸金，为此鸟

汉代画像石鸟纹

之状。置于户牖之间，则魑魅丑类，自然退伏。今人每岁元日，或刻木铸金，或图画为鸡于牖上，此遗象也。"这可能是人们开始使用陶烧制崇明鸟形象元素的脊饰用于建筑守护家宅的心理缘由。

秦嬴政先祖也崇拜鸟，一度把鸟作为图腾来崇拜。据说秦始皇进军六国，不树龙旗，而"建翠凤之旗"。

秦朝在官式建筑中继承了周对凤鸟的崇敬。可惜目前还未发现有关秦朝时期的建筑脊兽遗物佐证。能看到的实物最早的是东周时期一些有表现建筑样式图案的铜器，从这些图案可以看出建筑的脊部尽端已有脊饰，多做成"山"字形。这些房脊尽头用瓦片通过层层叠压形成逐渐上翘的样式，房脊上有鸟形饰物。另外还可从流传于世的汉代画像石、佛寺洞窟壁画和墓葬石阙石刻图案中找到记录。

汉代，相传汉武帝重建柏梁殿时，有人上书说大海中有一种鱼虬，尾似鸱鸟（即鹞鹰），能喷浪降雨，可以用来镇火。关于这一说法，《太平御览》有如下记述："《唐会要》曰，汉柏梁殿灾后，越巫言：'海中有鱼虬，尾似鸱，激浪即降雨。'遂作其象于尾，以厌火祥。"也有说是东海的鳌鱼，鳌鱼是中国古代传说中的神物，《列子》载有：女娲补天时，除了用五色石，还用了鳌鱼的四只脚作为柱子来撑住大。郭璞在《玄中记》里说这种鳌鱼就是乌龟。由于这个鳌鱼驮着大地，人们相信只要它活动一下就能带来地震，所以对它充满了崇敬。

另据佛家典籍载，鳌鱼是一种"眼如日月，鼻如太山，口如赤谷"的海中巨鳌鱼，有"鱼中王"之说。鳌鱼的"先世是佛破戒弟子，可吞陷一切，能避一切恶毒"，还具有灭火的功能，所以其形象被广泛

汉代画像石建筑图样

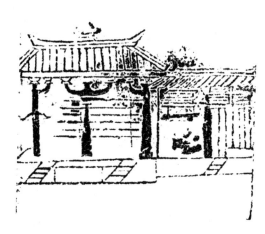

汉代画像石建筑图样

用在建筑物上，因古时的宫殿主要为木质结构，经常发生火灾，依据术士们的说法，用陶泥塑鳌鱼形象烧造后安放在殿角、殿脊、屋顶上，可以避火灾。自此人们开始在宫殿正脊两端，用装饰成鳌鱼形的鸱尾来镇火驱邪，后来沿袭成制。

有学者考证认为，鸱尾是在晋代以后出现的。

南北朝时期，随着佛教的盛行，佛经所称的圣物摩羯鱼（也叫作鸱鱼）传到了中国。而摩羯纹是在南北朝时期随佛教东传进入中国的。在古印度的神话传说中，摩羯身形巨大，常以兽首、长鼻、大口、利齿、鱼身鱼尾的形象出现。民间也流传摩羯是鳄鱼和大象的复合物。有关摩羯鱼的另一种说法是：摩羯本是印度神话中的鱼，长着尖牙长鼻、鱼头鱼身。这种鱼随着佛教传入我国，外来的摩羯鱼与本土传统的神鱼鳌鱼相互交融，互授神功，鳌鱼因此获得避祸、驱邪、喷水灭火的神力，于是人们便把这种灵物的坐像请来，安于建筑上用以避火消灾。根据这些传说故事对照脊兽遗物确实能看到这两种神鱼的形象。后来，

根据传说绘制的鳌鱼纹　　　　　　　　　　　　唐代鎏金银盘摩羯纹

经过文人和匠人不断将传说中的形象融合创造，这两种动物的形象变成了中国古代建筑独有的标志性符号，同时也对了解中国古建筑丰富的脊兽文化漫长的演变过程，解读鸱尾—鸱吻—螭吻形象变化有着重要的意义。

　　鸱尾的形象是随着时代发展而不断变化的。据学者考证，最早鸱尾，是秦汉时期的瓦片叠压仿鸟尾羽状，此时的脊饰鸱尾还很写意。晋代时就出现了比较写实的抖羽鸟尾形鸱尾，这从山西大同出土的南北朝隋唐时期的鸱尾形象残块可一窥原貌。从众多佛教石窟石刻，以及文献资料中关于鸱尾的记录来看，鸱尾的出现是因人们对脊兽祈愿的心理发生了变化，凤鸟形象逐渐被"鸱鱼尾"形象的脊饰所代替。

　　唐朝时期，中国国力空前强大，达到了古代封建王朝的巅峰，反映在社会方方面面。在宫殿建筑领域，应用在建筑屋脊上的鸱尾形象也发生了巨大的变化。

　　这一时期的脊兽融合了"鸱""鳌鱼""摩羯鱼"的形象特点，鸱尾演变得简洁大气，气势如虹。这时的脊兽虽无头但却骄傲、不可

唐代金杯杯底摩羯戏珠纹

北齐朱明门遗址鸱尾

一世地翘起尾巴，脊兽背部有如弯刀形的鬃毛状装饰，即像"鳍"又像猛禽飞翔时张开的"翅羽"形状。

唐代中期至宋代初期，唐式的脊兽又发生了巨大的变化，由原来的无头鱼尾形演变成了鱼尾兽头形。这时的脊兽尾巴比较短，大张口，正吞着屋脊，尾部卷起上翘，由此可以看出这一时期是鸱尾演变为鸱吻的重要历史节点。这时的鸱吻具有鹰眼、虎头形的特点，也印证了古书中描述的"鸱目虎吻"形象，并消化融合了鳌鱼和摩羯鱼的写实特点，变得十分具象，从而鸱吻造型变得气度不凡，神性十足。

这一时期建筑脊兽由鸱尾演变为鸱吻，还有一深刻、重要的社会因素影响，那就是开创于隋朝的科举取士制度已经成熟完备。这一制度为不具备贵族身份的社会底层人士提供了参政机会，扩大了封建统治者的社会基础，促进了官僚体制的进一步成熟，为官僚队伍提供了源源不断的高素质人才，为此后历代王朝长期保持社会秩序稳定提供了有力的制度保障。这一时期，许多贫寒人家子弟，经过自身不断努力后，通过科举考试进入统治阶层。整个社会上层也对"鱼化龙"

礼泉昭陵献殿遗址出土唐代陶鸱尾
昭陵博物馆藏
作者自摄

西安大明宫遗址
出土唐代宫鸱尾
作者自摄

"鲤鱼跃过龙门方成龙"等典故进行宣传，普通民众获得更多的心理支撑。这种社会风气影响和鼓励更多民间精英通过读书、科举途径取得功名进入仕途。社会各方面深受此风影响，表现在建筑鸱吻上，则是复合的龙头鱼身或是长鼻大张口、龙头鱼尾反翘形象。

唐末宋初，鸱吻的形象又发生了变化，慢慢出现了螭龙头、龙尾的脊兽。这种脊兽，龙尾向前盘卷，吻身上有了小龙的纹饰和龙爪出现。鱼尾变龙尾，是这一时期螭吻变化的最大特点。螭是古代传说中一种没有角的龙。带角的龙为真龙，螭龙地位等级较低，也有学者认为螭龙为龙的九子之一。

自此，宋、辽、金、元的螭吻形象深受此风格影响而未有大的变化。人们在心灵深处认为鱼和螭龙是同种灵物，都擅水性，鱼是龙的前身，用鱼龙混合的螭吻代替鸱吻做脊兽，能升高螭吻的等级地位，祈愿螭

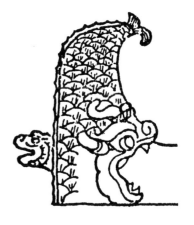

辽代螭吻图案

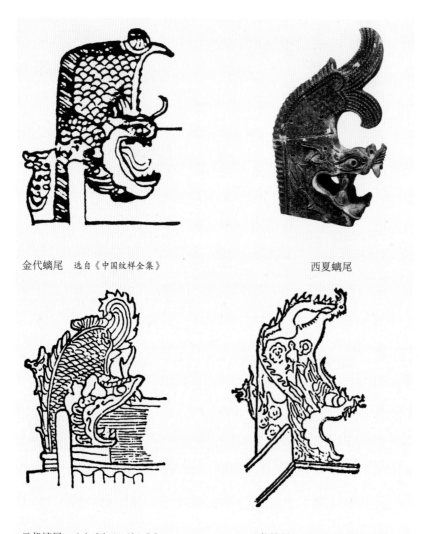

金代螭尾 选自《中国纹样全集》　　　　　　西夏螭尾

元代螭尾 选自《中国纹样全集》　　　　元代螭尾 选自《中国纹样全集》

龙具有更强大的驱邪、避祸神性和灭火法力。

　　明代时，除了继承宋时螭吻样式，螭吻形象又有了创新和发展。明代皇家建筑的脊兽固定为龙的九子之一的螭龙。皇宫、庙宇的螭吻除了继承宋时成熟的制造技术和工艺，琉璃烧造技术不断进步和提高，此时的螭吻，变得比前朝更大气，华丽，生动。造型上和宋代鱼化龙形象相比又有许多改造和变化，如在螭吻龙头上，老龙头有变化，螭吻脊上还插有宝剑，吻兽身上的仔龙更是变化多端，尤其是北方各地庙宇上的琉璃螭吻，特别注重仔龙的塑造，变得飞扬生动，神气十足。

　　为了更加清晰地了解明清时期脊兽的内涵和众多的古建筑神兽文化符号，还需对中国自古以来流传的龙生九子传说故事加以了解。

　　相传盘古开天辟地，龙生下九个儿子，分别掌管世界各地。九个儿

韩城明代鸱吻　　*作者自摄*　　　　　　　　　　　　　　　　韩城清代鸱吻　　*作者自摄*

子都不成龙，各有不同。龙有九子这个说法由来已久，但是究竟是哪九种动物一直没有确切的说法。关于龙的九子情况，明代一些学人笔记多有记载，但都不统一。

在民间，就流传着不同版本龙生九子的传说。

据说一次早朝，明孝宗朱祐樘，突然心血来潮，问以饱学著称的礼部尚书、文渊阁大学士李东阳："朕闻龙生九子，九子各是何等名目？"李东阳仓促间不能回答，退朝后左思右想，又向几名同僚询问，糅合了民间传说，七拼八凑，拉出了一张清单，向皇帝交了差。

韩城文庙龙形琉璃螭吻
作者自摄

囚牛　　　　　睚眦　　　　　嘲风

蒲牢　　　　　狻猊　　　　　霸下

狴犴　　　　　负屃　　　　　螭吻

蚣蝮　　　　　椒图　　　　　饕餮

不同的龙生九子脊兽

按李东阳的清单，龙的九子如下：

囚牛，平生好音乐，它常常蹲在琴头上欣赏音乐，因此胡琴头上的刻兽是其遗像。

睚眦，平生好杀，今刀柄上龙吞口是其遗像。

嘲风，平生好险，今殿角走兽是其遗像。

蒲牢，平生好鸣，今钟上兽钮是其遗像。

狻猊，平生好坐，今佛座狮子是其遗像。

霸下，平生好负重，今碑座兽是其遗像。

狴犴，平生好讼，今狱门上狮子头是其遗像。

负屃，平生好文，今碑两旁龙是其遗像。

蚩吻，平生好吞，今殿脊兽头是其遗像。

又一说：古代神话传说龙生九子不成龙，各有所好，各展所长，其形象多饰于建筑或器物上，用作辟邪驱魔，以保安宁。

赑屃，又名龟趺、霸下、填下，传说中龙生九子之长，貌似龟，有齿，力大，好负重。其背亦负以重物，在石碑下的石龟为其形象。

蒲牢，传说中龙生九子之一，形状像龙但比龙小，好鸣叫，受击就吼叫，充作洪钟提梁的兽钮，助其鸣声远扬。据说蒲牢生活在海边，平时最怕的是鲸鱼。遇到鲸鱼袭击时，蒲牢就大叫不止。于是，人们就将其形象置于钟上，并将撞钟的长木雕成鲸鱼状，以其撞钟，求其声大而亮。

狴犴，又叫宪章，传说中龙生九子之一，形似老虎，好诉讼，故狱门或官衙正堂两侧立其形象。虎是威猛之兽，可见人们将狴犴形象刻铸在监狱门上，在于增强监狱的威严，让罪犯望而生畏。

睚眦，传说中龙生九子之一，龙身豺首，性刚烈，嗜杀好斗，常被雕饰在刀柄、剑鞘上。睚眦的本意是怒目而视，所谓"一饭之德必偿，睚眦之怨必报"，报则不免腥杀。这样，这个模样像豺的龙子出现在刀柄、剑鞘上就很自然了。

螭吻，又叫鸱尾、鸱吻，传说中龙生九子之一，口润嗓粗而好吞，遂成殿脊两端的吞脊兽，以助灭火消灾。

蚣蝮，传说中龙生九子之一，性喜水，被雕成桥柱、建筑上滴水的兽形。

狻猊，传说中龙生九子之一，形如狮，喜烟好坐，所以形象一般出现在香炉上，随之吞烟吐雾。又一说法：狻猊称金猊、灵猊。狻猊本是狮子的别名，所以形状像狮，好烟火，又好坐，庙中佛座及香炉上能见其风采。这种连虎豹都敢吃、气势十足的动物，是随着佛教传入中国的。由于佛祖释迦牟尼有"无畏的狮子"之喻，人们便顺理成章地将狻猊安排成佛的坐骑，或者雕在香炉上让其款款地享用香火。唐代高僧慧琳说："狻猊即狮子也，出西域。"

椒图，传说中龙生九子之一，形状像螺蚌，性好闭，最反感别人进入它的巢穴，铺首衔环为其形象，人们常将其形象雕在大门的铺首上，或刻画在门板上。螺蚌遇到外物侵犯，总是将壳口紧合。人们将椒图形象用于门上，大概就是取其可以紧闭之意，以求安全。

饕餮，传说中龙生九子之一，形似狼，好饮食。钟鼎彝器上多雕刻其头部形状作为装饰。由于饕餮是传说中特别贪食的恶兽，人们便将贪于饮食甚至贪婪财物的人称为饕餮之徒。饕餮还作为一种图案化的兽面纹饰出现在商周青铜器上，称作饕餮纹。

《五杂俎》记有：龙与牛交则生麒麟；与豕交则生象；与马交则生龙马；与凤凰交生嘲风和嘲凤，还有狴、貔貅等也是龙子。以上用了很大篇幅叙述了有关众多龙子的话题，因为这些对中国古代建筑的装饰兽文化影响很大，也是解读这些脊兽文化的背景依据。

据说从明代开始，宫殿建筑安装螭吻的老龙头是"龙不空口"的，大脊内都装有财宝和镇物。传说中装镇物的宝匣直接放置在正通脊瓦的中空腔内。按正常规制建造的大殿的正脊上都有固定脊兽的柏木桩子，正通脊瓦穿在脊桩上，起到稳固大脊的作用。为装填镇物，脊桩的排列须躲开中间的正通脊瓦，安装完正脊两端的吞脊螭吻后，装上镇物，盖好扣脊瓦，整个工程才算完工，老百姓把这种做法称为"龙不空口"。有的大殿的正脊中间还特装琉璃宝顶，在举行庄严的仪式后，将"五镇"之物恭敬放置入内。

关于螭吻脊饰上龙形的使用，传说中螭龙的姿势有很多讲究，如坐龙、跑龙等等。在二龙戏珠图案里的双龙，龙头在下的叫作"降龙"，龙头在上的叫作"升龙"。双龙还有一特点，就是龙头在下的大多数都向上仰头，龙头在上的大多数都向下低头，这些都是古代阴阳学说的体现，二龙如影相随，如同阴阳鱼盘转于云海中，气韵贯通，非常神气生动。现实中官式琉璃大螭吻中的仔龙头不但在下方，而且是低头。远离京畿地区民间的琉璃螭吻上的仔龙不但龙头在上，而且高高扬起，同时还张牙舞爪。这种有关仔龙形态的不同表现，其实都有其深刻寓意。

各式宫殿、庙宇和官家建筑的螭吻，除有吞脊的龙口和翘尾缠绕、变化多端的仔龙外，最为奇特的是螭吻身上还插了一柄只露剑把的宝剑。为什么会在无比精美的螭吻背上插上一柄扇形宝剑？

韩城庙宇龙形琉璃螭吻
作者自摄

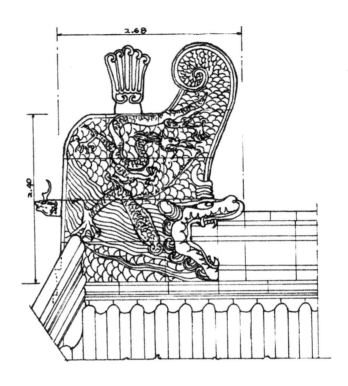

太和殿正吻实测正面
选自《中国古建筑营造图集》

现选录三种说法：

相传插在螭吻背上的这把宝剑，是晋代名道士许逊之物，插在螭吻背上以防螭吻逃跑，使其永远喷水镇殿，与殿相守。

传说螭吻背上插许逊的宝剑，有两个原因。一是防备螭吻在雷电交加的夜晚借势逃跑，使其永远喷水镇火；二是那些妖魔鬼怪最怕许逊这把扇形宝剑，这里取避邪的用意。

另一传说螭吻身上所插的这把剑为太上老君的宝剑。话说宫殿、庙宇屋脊上的螭吻，为龙的八子螭龙，它长期作为镇脊兽非常寂寞，心中生出强烈不满，渐渐萌生反心，想逃回东海过自由自在的日子。在一个风雨交加的夜晚，借雷鸣掩护，螭龙突然乘电闪之光欲飞向天空，恰在这时被巡察的太上老君发现，太上老君立即掷下随身宝剑把螭龙插在原位。

民间还传说，龙王的二子为争夺王位，骗称如果谁首先吞下屋脊便可称王。狡诈的龙弟乘兄长正在吞脊之际，随手拔剑刺兄长于脊上，事毕怕遭反击，不敢拔剑，剑柄就露在外面。

传说给螭吻带来许多神秘色彩，实际情况是在制作过程中，因螭吻体量庞大，烧造难度大，需分块烧制，然后由好几块构件拼装在一起构成完整的正吻。其实剑把在螭吻结构上起到串联构件的作用。

清代把脊兽叫作"螭吻""正吻""大吻"，形制、尺寸有明确的规定，造型和工艺的繁缛程度超过了其他朝代。根据清代礼制，只允许宫殿、宗庙用琉璃螭吻；衙署、官宦宅院的屋顶只能安放灰色的陶烧螭吻。殿顶的吞脊兽都是螭吻，但大小规格不一样。最高规格的"十三拼"，是指北京故宫太和殿上的吞脊兽，由十三块中空黄彩琉璃瓦件拼装而成。其他殿顶的吞脊兽也是用拼件组成，但拼件数量必须少于十三，否则，即为逾制，犯了杀头之罪。

清代皇家在建造宫殿过程中，对螭吻、正吻的安放是十分庄严和隆重的。安螭吻前，要举行宏大的迎吻仪式。首先派一名使官到琉璃厂烧造官窑去祭吻，同时还要派四名使官于正阳门、大清门、午门、太和门祭告，然后由四品以上的文官、三品以上的武官及相关人员等列队迎吻。这种仪式场面宏大、庄重，足见皇家对螭吻安放的重视程度。

用螭龙作为吞脊兽，自古以来流传的寓意主要有以下三种：

一是取其嘴阔能吞，以保殿宇稳固不倾，万年不倒。

二是取其能兴风作雨，可以镇火防患。

三是螭龙是千百年来融合了国人众多祈愿的神物，用于屋顶可镇邪驱秽、永保安泰。

所以历朝各代的人们十分重视脊兽的烧造和安放，认为这种神物与建筑的安危、主人的福祸有很深的关系。中国宫殿式建筑，大都采用歇山式、庑殿式、重檐式，这些建筑均有一条正脊和四条垂脊，如重檐，则再加上四条垂脊。这些屋脊上都装饰着数量不等的镇宅灵兽。民间俗语常说的"五脊六兽"，指的就是宫殿式建筑。这些脊兽的排列是有寓意的。这些脊兽的最前面有一个领头的，那是骑凤的仙人，民间也叫作"仙人骑鸡"。关于仙人和凤凰，民间有着各种各样的传说。

《大清会典则例》上说这些脊兽的排列顺序为龙、凤、狮子、天马、海马、狻猊、狎鱼、獬豸、斗牛、行什。其中天马与海马、狻猊与狎鱼之位可置换。如若数目达不到九个时，则依先后顺序。故宫太和殿为等级最高的汉式古建筑，角脊上排列着十个脊兽，"一龙二凤三狮子，海马天马六狎鱼，狻猊獬豸九斗牛，最后行什雷公猴"，这样的脊兽装饰，象征着皇权的至高无上。

关于这十种神兽的寓意，现概述如下：

龙与凤代表至高无上的尊贵。龙的角似鹿、鳞似鱼、爪似鹰，唐宋两朝视其为祥瑞的象征。明清用龙象征帝王，皇帝称自己为真龙天子，龙是皇权的象征。凤是传说中的百鸟之王。雄为凤，雌称凰，通称为凤凰，是祥瑞的象征，在旧时还比喻有圣德的人。

狮子作吼，群兽慑服，乃镇山之王，寓意勇猛威严，在寺院中又有护法意，寓示佛法威力无穷。在这里，狮子是猛、仁兼具的瑞兽。天马意为神马，与海马均为古代神话中吉祥的化身。汉朝时，对西域的

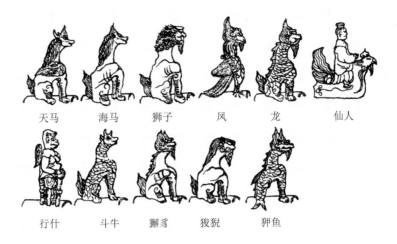

天马　　海马　　狮子　　凤　　龙　　仙人

行什　　斗牛　　獬豸　　狻猊　　狎鱼

脊兽　选自《中国古建筑营造图集》

良马称为天马，天马又是尊贵的象征。"天马行空，独往独来"，将其形象用于殿脊上，有种傲视群雄、开拓疆土的气势。

海马亦称落龙子，象征忠勇、吉祥、智慧与威德，通天入海，畅达四方。

狻猊在古籍记载中是接近狮子的猛兽，能食虎豹，使百兽率从。一说它日行五百里，性好焰火，故香炉上面的龙首形装饰为狻猊，有护佑平安意。

狎鱼是海中异兽，说它能喷出水柱，寓其兴风作雨，灭火防火。

獬豸有神羊之称，为独角，又称一角羊。《神异经》云："东北荒中有兽如羊，一角，毛青，四足，似熊，性忠直。见人斗则触不直，闻人论则咋不正。"因其善于辨别是非曲直，力大无比，古时的法官曾戴獬豸冠，以示善断邪正。将它用在殿脊上装饰，象征公正无私，又有压邪之意。

斗牛为传说中的虬龙，无角，与狎鱼作用相同。一说其为镇水兽，古时发生水患之地，多以牛镇之。《宸垣识略》中说："西内海子中有斗牛，即虬螭之类，遇阴雨作云雾，常蜿蜒道旁及金鳌玉蛛坊之上。"故斗牛是祥瑞的动物，立于殿脊上有镇邪、护宅之功用。

行什因排行第十，故得此名，是一种猴面孔带翅膀的压尾兽，手持金刚宝杵，传说宝杵具有降魔的功效。行什颇像传说中的雷公，大概是防雷的象征。

在封建社会，礼制是十分严格的，它渗透于社会各个角落，绝不可逾越半步。对于垂脊上镇宅灵兽的使用，更是有严格的数量规定。按级别高低，通常以三、五、七、九的奇数递进，最高规格是十个。以北京故宫为例，规格最高的宫殿为太和殿，俗称"金銮宝殿"，乃皇帝登基和举行国家大典的正殿。

故宫太和殿，始建于明永乐十八年（1420年），初名为奉天殿，嘉靖四十一年（1562 年）更名为皇极殿，至清顺治二年（1645 年）始改称太和殿，乃故宫三大殿之首。它殿顶垂脊的镇宅灵兽就是十个。中和殿及保和殿的规格低一级，只有九个灵兽，其余的大殿都是九个灵兽之下。一般寺庙的殿堂灵兽数量都在五至七个之间，只有受过皇封的寺庙除外。如：文庙的大成殿，是供奉至圣先师孔子的大殿，因历代帝王给孔子加封各种封号，尊崇有加，大成殿的殿顶有九个镇宅灵兽。天后宫的正殿，是供奉天妃娘娘的地方，因历代帝王对天妃多有封赐，这样，天后宫的正殿也可享有九个灵兽的待遇。其余殿堂依奇数递减。

上层的统治者对螭吻和有关神兽如此重视，那么影响到民间的老百姓也对脊兽崇拜有加，非常喜爱。民间的庙宇和祭祀圣贤的祠堂，多为五个灵兽，而"五脊六兽"之说为偶数，这是为何？原来，镇宅灵兽还有一个领头人，坐在灵兽的前面，他叫"骑凤仙人"，民间认为其是齐泯王。

相传齐泯王被追兵追到大江边，前无去路，忽见一彩凤飞到面前，载其飞过江面，摆脱追兵。后人便将齐泯王骑凤当作逢凶化吉、遇难成祥的镇宅吉物，放到镇宅灵兽们的前面，立于檐首。因此，五只灵兽加一个骑凤仙人，也成了民间的最高规格。

民居建筑深受礼制的影响多采用硬山式或悬山式建筑，脊兽数量少且相对简单。

民居古建筑的脊兽是怎样发展演变的？寓含哪些深刻的民俗文化内涵？中国传统脊兽文化主要由三部分构成：主脉是历朝历代的大式建筑脊兽文化，两条支脉是以秦岭为分界线，分别以黄河流域为主体的北方建筑脊兽文化和以长江流域为主体的南方建筑脊兽文化。中国南北自然环境、经济条件、人文文化差异较大，影响到古代建筑风格、

岐山周公庙脊兽
作者自摄

250

岐山周公庙龙形螭吻
作者自摄

形式也是异彩纷呈，各具特色。中国南北两派文化历来相互交融和影响，文化内核是相通的，表现在形式上，北方建筑脊兽呈现出简约、雄浑大气、含蓄内敛的风格，南方建筑脊兽呈现出繁复、精致、形式多样、张扬、生动活泼的特色。

现主要讲述以十三朝古都的所在地关中地区民间脊兽文化。关中地区是中华文明的重要发源地，对以黄河流域为主的北方建筑文化影响巨大。历史上大多数时期这里都是建筑文化的引领者。

笔者在关中地区及相邻的山西、甘肃等地田野调查拍摄发现，北方民居的脊兽多为黑灰色的陶泥烧造，式样大多数都是头朝上，脖颈部位与屋脊相连，民间叫作"望兽"。望兽在关中大地出现的种类较多，有张口望兽、闭口望兽，有一把鬃毛的、三把鬃毛的、五把鬃毛的，还有鸡头形、蝎子尾形、龙形的，等等。

古民居建筑大量使用这种望兽，据研究者认为这也是螭吻的变种，等级较低，民间有多种称呼，如"哺鸡""凤鸡""兽头"等，各地没有固定的名称。这种望兽与大式建筑螭吻相比较，最大的区别在于头部，螭吻也称"吞脊兽"，螭龙大张龙口欲将屋脊吞下，而望兽却龙头朝外仰望天空。

在古建筑中常用的望兽有两种，一种龙形兽头的蹲兽叫嘲风，一种常见的近似龙头凤尾形的叫嘲风。

人们常把这两种望兽的名称混淆在一起。有关龙生九子的传说中最为奇特也容易混淆的是，龙和海里神龟相交合，神龟为龙生了两枚卵，一枚孵化成了龙子赑屃，赑屃好负重，力大无比，长年累月地驮载着石碑，另一枚龙子为负屃，因长得很像龙父亲，民间常叫"王八龙"，负屃平生好文，甘愿化作相互缠绕的文龙图案去装饰碑顶。

旬邑唐家大院望兽嘲凤
作者自摄

古书载"龙生九子""凤有九雏"。传说龙和凤凰交合,凤也生了两枚卵。一枚孵化成了龙子嘲凤,嘲凤身似狼,头顶有双角,指爪如虎豹,浑身有细鳞能潜海,前臂有飞羽可滑翔,背有北斗七星棘。嘲凤是个探险家,长大后擅长涉险,爱站在悬崖边上。由于嘲凤好险又好望,其形象常被安置在殿角或建筑的垂脊上来震慑妖魔。另一枚卵孵化成了像母亲的嘲凤。嘲凤具有龙形的头,无双角,有凤凰的翎羽,平时亦喜爱站在高处张望,并逆风嘶吼,可镇宅辟邪,其形象常被安置在正脊两边以镇宅。

现实中北方民居使用的望兽脊头,不但受到龙凤之子嘲凤的传说影响,后来还受到古时崇明鸟传说和佛教摩羯鱼的深刻影响,各元素互相融合并吸收了历代鸱吻—螭吻演变之精神内涵。聪明的古代文人和优秀的民间工匠根据传说,在封建社会严格的礼制约束下,在不僭越礼制的情况下,共同创造出一种建筑脊兽形式。这种望兽融合崇明鸟的神勇、凤凰高贵的五色羽毛、摩羯鱼的喷水降火的功力和蹲兽龙的九子狻猊的形象而成。

北方建筑应用最多的是张口望兽,有些地方也用闭口望兽。对这两种望兽的使用,流传于民间的说法是:一般张口望兽为旧时的各级官绅使用,官宅望兽以张口兽出现,主要寓意是为官者可以开口说话,为老百姓发声,伸张正义。闭口望兽多为文人和商家建筑使用,寓意是

韩城民居闭口望兽嘲风
作者自摄

为人处世低调做事，读书人不能信口开河、胡言乱政，经商者不可妄言而泄露商业秘密。

在现实中张口望兽在民间使用最多，这与中国人自古有重仕轻商的传统有关，也和古时商者可以用钱捐官制度有关。

在关中地区还有一种与望兽不同的脊兽鱼龙吻。其顶端有五个尖尖的背鳍，民间传说中叫五叉拒鹊子。传说这是由鲤鱼变成的鳌鱼，鲤鱼只有跳过龙门、飞入云端升天才能化为龙，但又和龙的九子螭龙不同，虽说也是龙头鱼身，只能叫鳌鱼吻。这种脊兽和关中地区常见的五把鬃望兽有不同的含义。

关中民间使用的各种脊兽，不管是嘲风还是凤鸟形嘲风望兽，都是用多次工艺加工的陶泥来塑形，阴干后再入窑烧造，烧制完成后还需经过几天用水"窨窑"的工艺，出窑后所烧造的陶制脊兽就变成青灰

韩城连院民居张口望兽
嘲风和闭口望兽嘲风
作者自摄

色了。在脊兽安装完成后，为了使其和大脊色调一致，还需再刷一遍矿物"青灰"颜料。民间常把这种脊饰称"黑活"脊饰。

这些民居建筑脊兽，散落在关中各地。其中韩城遗存的较少的元代建筑、明代官宦人家豪宅建筑上保存有脊兽，其余近百分之九十的脊兽实物，均是清朝时期的（博物馆收藏的除外）。

有学者研究后认为：官宦人家私宅安放脊兽是从明代开始的，大量使用应是从清代开始的。关于望兽的使用，在古时是非常严格的。在清代，顺治时有规定："二品以上官，正房得立望兽，余不得擅用。"这就说明在清代只有二品以上官员的宅院才可以使用望兽脊饰，普通老百姓所建房屋，不得用望兽，只能用砖瓦叠压做成简单的仿脊兽形样，用于镇宅并提升住房气势。

清代中后期，脊兽安装的制度有所松动，因捐官制度的出现，一些富商、官绅的家宅屋脊也开始安装望兽。除正吻外，脊兽还包括垂脊上的垂兽和戗脊安放的特有蹲兽嘲风。

在关中地区东府的韩城、合阳、澄城、蒲城等地，中部的富平、

扶风温家大院民居
鱼化龙螭吻
作者自摄

三原周家大院正房
与厦房连山对口望兽
作者自摄

泾阳、三原、高陵、西安和西府的岐山、凤翔、扶风等地区所遗存的民居脊兽风格又有较大的不同。这些脊兽虽说气势宏大、灵动无比，但是地位远不能和皇家的螭吻相比。

　　建筑脊兽的使用在中国有着漫长的历史。这足以说明国人对脊兽的使用和崇拜有着深深的历史渊源，古建筑厚重丰富的脊兽文化流传至今，长盛不衰，脊兽成为中国古代建筑标志性的文化符号。

旬邑唐家大院脊兽
作者自摄

第十五章 关中狮子文化溯源

石雕狮子是中国传统建筑重要的附属装饰文化符号。在雄浑厚重的关中大地上随处可见散落在各地形式多样、风格不同、形态各异、神秘威严的石刻狮子。只有系统地了解狮子雕刻艺术文化在中国的发展渊源和演变史，才能了解这些流传千年的石雕狮子存立于世的背景、祈愿和蕴含的意义。

被誉为"百兽之王"的狮子，虽说不是中国的原产物种，但自从来到中国，经过漫长的融合发展，又经喜爱狮子的国人不间断的本土化艺术改造后，形成一种地地道道的中国狮文化现象。在世界建筑之林中，狮子成为东方古建筑文化符号，不间断地沿用了两千多年。

经过多年的影像拍摄积累，笔者静下心来翻检史书，得知《穆天子传》记：周穆王驾八骏巡游西域，有"狻猊野马走五百里"。郭璞注："狻猊，师子，亦食虎豹。"而周穆王在距今大约三千年以前。关于此记载，汉代初年成书的《尔雅·释兽》中有"狻麑，如虦猫，食虎豹"。这些古书中文字描述，给我们提供了一个信息，说明在古代中国，除人们熟悉的虎、豹、狗、猫等动物以外，还有一种传说中的神秘异兽存在，且名为"师子"。

据资料记，狮子来到中国有据可查的最早年代，为西汉时期。《汉书·西域传》记：汉武帝派张骞出使西域之后，狮子曾作为"殊方异物"，作为朝贡汉王朝的礼物来到东方。活体狮子来到汉朝时，曾引起人们的极大关注。据成书较晚的《三辅黄图》卷三记载，西汉长安城奇华宫附近兽圈内就豢养有狮子。这是有关狮子来到中国关中地区的最早文字记载。

文献记载，东汉章帝章和元年（87年），安息国王献狮子；翌年，月氏王遣使献狮子；章和二年（88年），冬十月乙亥，安息国遣使献狮子；顺帝阳嘉二年（133年），疏勒国王献狮子。这些文献的记载，进一步印证了狮子自西汉后不间断来到中国的史实。

狮子最初是作为西域各国朝贡的贵重之物来到中国的。当时以献狮为珍宝，多饲养在帝王的宫苑。社会上的广大平民百姓其实难窥其貌，遂感觉狮子充满了神秘感，想象它比虎豹凶猛，还能食虎豹。

《狮子赋》中就有对神秘狮子形象的具体描述："钩爪锯牙，藏锋蓄锐，弭耳宛足，伺间借势。……瞋目电曜，发声雷响。拉虎吞貔，裂犀分象。"传说："狮子，虎见之而伏，豹见之而瞑，熊见之而跃。"《汉书·西域传》的注释中，对于"师"解释为"似虎，正黄，有髯须，尾端茸毛大如斗"。这些史料所记录的文字，真实地反映了国人对狮子外貌特征的形象描写。那时的国人首次见到这种异域传来的体量庞大的猛兽，与传统所崇拜的老虎及其他神兽相比，更显威风。尤其是雄狮头部得天独厚的鬃毛，使其更显得威风凛凛，对国人传统印象中所崇拜的固有猛兽形象产生了强烈的冲击，狮子的形象对国人在心理上产生了重要影响，国人遂渐渐地把对先前固有的兽崇拜转移到了异域来的狮子身上。石雕作品上神兽形象受此影响，发生了巨大的变化。狮子造型艺术的渐变，可从遗存于世的汉代石刻作品上找到印证。

任何一种文化现象在一个区域的流传和发展，都受其深厚的民俗文化土壤和载体的影响，异域狮子能在东方沃土发展和广泛流行也不例外，察看遍布关中地区的帝王、将相、人臣陵墓的石雕作品会发现，秦汉时期是厚葬之风盛行的时代，那时的人们"视死如生"，对阴宅陵墓的建造十分重视。帝王、将相的陵墓有立石辟邪、石象、石虎、石马等动物雕像作为仪卫的习俗。

唐人封演撰写的《封氏闻见记》记："秦汉以来，帝王陵前有石麒麟、石辟邪、石象、石马之属，人臣墓前有石羊、石虎、石人、石柱之属，皆所以表饰坟垄，如生前之象仪卫耳。""后汉太尉杨震，葬日有大鸟之祥，因立石鸟像于墓。"《风俗通》云："《周礼》方相氏葬日入坟驱罔象。罔象好食亡者肝脑，人家不能常令方相立于侧，而罔象畏虎与柏，故墓前立虎与柏。"

事实上，秦始皇的骊山陵上就种植大量的松柏。在中国各地的坟茔至今都有栽种柏树的习俗。在关中地区的黄帝陵及秦汉时期众多的陵墓遗存可见栽有众多柏树的实例。

陵墓上立石雕神兽，从史料和一些专家的判断看，早期在狮子传入中国之前，先祖崇拜的是老虎，并把虎形物作为镇墓兽。

汉代以后，随着狮子的传入，受到异域狮子文化的不断影响，石雕艺人开始在老虎形象的雕刻中逐渐融入狮子形象元素，其创作的陵墓兽渐变成"狮象虎"的混合神兽。这一时期，工匠所创造的石雕造型样式，在初问世时，就融合了国人传统崇拜的神兽元素，并与之前被称为天禄、辟邪的神兽形象相近似。两者之间的区别仅仅在于所雕刻的对象有无双翼，头上有无饰角。

目前关中地区遗留下来的石雕狮子，鲜有西汉遗物。从出土文物可见东汉时期的石雕狮子皆为走势状，怒目张口，四肢呈运动状，拖长尾。这种狮象虎形、怒目欲动的气势，无声地显示着汉代雕刻写实的风格。凛冽、雄浑大气的走势，无形中给观者心理以强烈的震撼。鲁迅曾说"惟汉人石刻，气魄深沉雄大"。

东汉走狮一对
1973 年咸阳沈家村出土
作者自摄

现存于西安碑林博物馆的东汉狮子石雕作品，是从关中腹地咸阳沈家村出土的一对雌雄石狮子。雄狮高 109 厘米，身长 202 厘米；雌狮高 105 厘米，身长 214 厘米。狮子体格强健，腰部紧收，长尾呈弧线下垂，四肢交叉跨度较大，怒目张口，舌齿分明，结构比例匀称，雕工精湛。这些珍贵的石雕艺术精品中，石狮均昂首挺胸，张嘴扬颈，做行走状。

汉代的石雕神兽遗存，还有一种重要的表现形式。雕有双翼、似有腾跃之感的狮子，也诞生于这一时期。古时封建帝王、大臣在陵寝设置石狮和其他各种石兽的目的，不仅仅是作为陵墓的仪卫装饰，他们还希冀有一种无形的神力来营造一种神秘的气息，借以护卫自己的坟茔。这时封建统治者将最凶猛的狮子、老虎形象附以神话，并添加上双翅，来彰显神奇的威力，并根据民间传说创造出天禄、辟邪等神秘的名称，期冀让这些带羽的神兽带着死者升天成仙，并能为死者陵墓起到镇驱邪祟的作用。

经过虎、狮融合的石狮艺术形象雕刻，高大威武，神性十足，强劲有力，视觉上给人们强烈的冲击力，更加强化了这些走兽神性护卫者的作用。

汉代末，流传于世的狮子形象，除气势不凡、神气十足的大量走狮形象外，开始出现了蹲式形制的狮子形象。从实物资料来看，汉代走狮吸收融合了西域狮子和中国传统中老虎的造型，并对后世狮子形象定型并固化为中国建筑独特文化符号的蹲狮造型产生了巨大的影响。还有学者认为蹲式形制的狮子形象出现还受到另一重要文化的深刻影响，那就是在汉代时传入中国国土的佛教文化。

据说狮子在传入中国之前，在异域也被尊为兽中王，同时也受到佛教的尊崇。《佛说太子瑞应本起经》中写道："佛初生时，有五百狮子从雪山来，侍列门侧"。这一说法是有关狮子"侍列门侧"的缘由。后来狮子不断被佛教徒尊崇，顺理成章地成为佛的坐骑，也成了佛教中的护法狮。

《传灯录》云：佛祖释迦牟尼降生时，"一手指天，一手指地"，作狮子吼曰："天上地下，唯我独尊。"佛教把狮子完全神化了，认为"佛（释迦牟尼）为人中狮子"，把佛家说法声音震动世界、群兽皆慑服称为"狮子吼"。关于"狮子吼"，有人认为："其含义是镇压一切妖邪不正之气，能为一方百姓带来吉祥与平安。"这对于解读关中寺庙

北魏景明三年（502年）
刘保生造阿弥陀佛像
作者自摄

古建筑的石雕狮子和脊兽狮子很有意义。

流传于民间的另一传说是：每当佛祖释迦牟尼讲经时，大群狮子都会汇聚前来，静静地蹲坐在佛前听佛讲经说法。这就使狮子拥有了先天的特殊能量，使其具备了强大的神力。狮子还作为各大寺庙宣扬佛法教义形象仪式的开路神兽。传说每当举行大型的法会，恭迎佛像出行日，都会由狮子在前导引。又有说法认为："佛为人中狮子，佛所坐处，若床，若地，皆名狮子座。"佛的左胁侍为文殊菩萨，地位很高，他的坐骑也是狮子。这时的狮子不再是自然界的百兽之王，而是作为威猛神勇的神兽履行着镇守护卫的职责。另一方面，人们把它以驯化的艺术形象刻画于佛的脚下，用以显示佛的伟大和法力无边。所以在佛教中狮子被视为庄严吉祥的"神灵之兽"而备受崇拜。

佛教传入中国并很快地融于中国本土文化，被民众所接受，并得以广为传播，而与佛教紧密相关的狮子，也为民众所认识接受。狮子法力威猛无边的形象在中国各地建筑的寺庙庵堂中出现，成为妇孺皆知的神兽。

《潜研堂类书》中关于狮子的记载称："狮子为兽中之王，可领百兽，有辟邪护法作用。"有的寺庙，就供有三大士塑像。三大士即文殊菩萨、普贤菩萨和观世音菩萨三大菩萨。三大士的坐骑分别是青狮、白象和金犼。犼为传说中的怪兽，《集韵》对此兽的解释是"犼，兽名，似犬，食人"。而《述异记》则说犼"类马"。另据资料讲，金毛犼，狮鬃蛇颈骆

北魏刘保生夫妇造弥勒像
作者自摄

北周大象二年（580年）
张子造像立佛
作者自摄

驼头，犬耳鹿角有兔齿，前为鹰爪后如虎。从以上资料中可看出，文殊菩萨的坐骑青狮与观世音菩萨的坐骑犼是两种不同的动物。古代传说中神兽虎蛟跃过龙门，便生七星棘，没有跃过龙门则会洄游到诞生的地方，退去鳞片登岸。因其身形壮硕，颈部覆有鬃鬣，五爪尖锐，骨骼凸出，尾巴上还有未曾脱去的蛇鳞，常人便称它"青狮"。

我国佛教圣地五台山的许多寺庙，都供奉着骑狮子的文殊菩萨像。传说这位专司智慧的文殊菩萨是骑着狮子首先来到五台山显灵说法的，所以五台山也就成了文殊菩萨说法的道场。

伴随着佛教在中国广泛盛行，在艺术上，我国国民很快接受了西亚、印度等地传来的被神化和艺术化的狮子形象。佛教僧徒常用佛画和佛像来把佛经中的百兽之王狮子形象化。据《涅槃经》卷二五描述，印度式的狮相是这样的："方颊巨骨，身肉肥满，头大眼长，眉高而广，口鼻㫰方，齿齐而利，吐赤白舌，双耳高上，修脊细腰，其腹不现，六牙长尾，鬃发光润，自知气力，牙爪锋芒，四足据地，安住岩穴，振尾出声。"若能具如是相者，当是真狮子王形象。这些因素对魏晋南北朝石狮子雕刻艺术风格产生了重要的影响。

魏晋南北朝时期，南朝崇兴厚葬之风，陵墓雕刻石兽之风盛行，多用石雕狮子镇墓；北朝因佛教盛行，狮子形象大量出现在石窟中，

文殊菩萨骑狮坐像

梁代佚名墓前石狮
马杰钢笔素描

所以在北朝就有大量与佛教有关的狮子形象出现。从众多出现于南北朝的狮子形式来看，南朝陵墓兽多用走式状，北朝多用蹲式状。从雕刻艺术风格来看，这一时期的狮子在气势上比前朝有了明显的发展。石雕匠人很注重狮子的神似。石狮的形象在头部出现了厚实的鬣毛，拥有宽大的胸肌，体形肥硕健壮，线条舒展流畅，国人心中理想的狮子形象已见雏形。

狮子在佛教中地位显赫，到了中国后被统治者用于仪卫性的行列，以走狮或蹲狮的姿态出现在历代帝陵的墓道上，忠诚地卫护着帝王陵阙。

在佛教昌盛的南朝，异域风格的狮子形象，风行于中国的造型艺术中，其代表作就是

北朝蹲狮
西安碑林博物馆藏
作者自摄

北周蹲狮
西安碑林博物馆藏
作者自摄

隋代蹲狮
马杰钢笔素描

吐舌石狮。梁代忠武王萧谵陵墓东侧的大小石狮，一律口露长舌。平忠侯萧景墓前的石狮系列，现存为东狮，雄兽，体形肥硕，胸突腰耸，首仰舌伸。这一时期的石狮均为徐缓行走姿势，昂首挺胸，肩有双翼，多做张口吐舌状。和东汉时期相比，雕琢渐趋精细华丽，造型清秀俊朗。

隋代，社会经济各方面取得了很大发展。关于狮子的形象变化、使用普及有了进一步发展，狮子的形象不断受到中国传统文化的深刻影响，张牙舞爪的汉代狮变得和气，"吐赤白舌"的怒狮也缩回了舌头。经过长期的融合和本土化改造，关中大地上的狮子形象渐渐具有中国式狮子的特点和渐趋固化的造型。

关于狮子在隋这一时期的变化，有一民间传说：隋炀帝登基时，文武百官前来朝贺，百鸟齐鸣，百兽跪拜，狮子却没有来。隋炀帝大怒，准备派专人去捉狮子，满朝文武没有一个敢前往。这时，一个和尚前来拜见隋炀帝，表示愿意去深山捉拿狮子。和尚用五色绸缎扎了一个大彩球，来到深山用彩球去引逗狮子，狮子见了好奇，就跟着和尚跑。和尚一直把狮子引到隋炀帝面前，并引诱狮子表演一段滚绣球。隋炀帝高兴地说："就叫狮子给我看守宫门吧。"守卫宫门的狮子，不满隋炀帝暴虐昏庸，只守了一天，在晚上就逃走了。隋炀帝大怒，传下圣旨派大将前去捉拿，

唐代顺陵东门张口蹲狮
作者自摄

无奈日久无果。后有术士为大将解困，建议皇帝召来工匠，命令刻两只石雕狮子，放于金殿门口，让其永远跑不掉。传说从此后，便开始用石狮把守宫门、寺院、府第、牌坊等，并流传至今。

隋末唐初，南北朝时曾流行的吐舌狮子，形象发生很大变化。据说：按照当时流传于社会的观念，石雕神兽的舌头为"灵根"，宜藏忌露，露则散气不吉。所以在唐代，南北朝时期风行的"吐赤白舌"的狮子形象已越来越罕见，常见的造型只是张口露齿而已。对"吐舌"的修正，是狮子形象中国化迈出的重要一步。

唐代是中国封建社会全面发展且最为鼎盛的历史时期，也是封建王朝与外来文化交流最为活跃的时期。狮子造型艺术在这一时期取得了

根脉 · 图说关中古建筑民俗文化

前所未有的成就和高度，以后历朝各代皆无法与其比肩媲美。

唐太宗贞观九年（635年），康居国进贡狮子。唐太宗命浙东籍宠臣虞世南作《狮子赋》："洽至道于区中，被仁风于海外……有绝域之神兽，因重译而来朝扰。"《狮子赋》中具体描写了狮子的形貌。唐太宗还命阎立本作《狮子图》。后来不少西域雕刻家和画家涌入长安，画狮的如西域尉迟乙僧、康居国康萨也等。

唐高宗显庆二年（657年），吐火罗国送狮子。

《新唐书》《旧唐书》记载：仅唐玄宗开元七年、十年、十五年、十七年，有康居国、波斯国、米国等献送狮子。这时因唐王朝统治阶级对狮子喜爱，加上活体狮子不断贡入，狮子文化和狮子雕刻艺术伴随着大唐盛世达到一个历史的巅峰期。

唐代是我国封建文化光辉灿烂的朝代，石雕狮子雕刻艺术达到了历史巅峰。这一时期，石雕狮子造型逐渐演化成坐式的固定艺术形象。

唐代昭陵石狮
西安碑林博物馆藏
作者自摄

唐代桥陵蹲狮正面

从现存于世的狮子雕刻实物遗存来看，坐式狮子起始于魏晋，成熟于盛唐这一重要的历史时期。

由于大唐王朝对外交流空前增多，域外的石雕艺人不断来到大唐，汇聚长安的全国各地能工巧匠，受到域外石狮子写实雕刻风格的影响，大胆采用传神的创作方法，使石雕狮子形象完全本土化，并定型固化。此后石雕蹲狮顺理成章地成为中国古代建筑一个标志性的文化符号。

开元文士阎随侯的《镇座石狮子赋》，为我们描述了形神俱备的盛唐狮子形象："威慑百城，襄帷见之而增惧。坐镇千里，伏猛无劳于武张。有足不攫，若知其豢扰；有齿不噬，更表于循良。"事实证明，这种威而不怒的镇陵石狮，不仅体现气势磅礴的盛唐气象，而且为后世石狮造像雕刻艺术提供了标准化的风格样本，也为中国狮子形象的规范起到了积极的意义。

　　唐代狮子形象发生了一重大变化，就是头部鬣毛由异域狮子散发形式，逐渐演化出旋涡状的鬣毛，人们把这种雕刻成旋涡状的鬣毛叫螺髻。螺髻是中国狮子独有的形象。唐代散发狮子和头顶螺髻的狮子同时被统治者立于陵墓前。这与此后各朝狮子头部全为螺髻造型有明

唐代顺陵南门走狮
（东侧牡狮张口卷鬣）
大漠风艺术馆制图

显不同。

　　中国传统狮子没有螺髻。有研究者认为，螺髻的出现与佛祖释迦牟尼有关，佛祖的头发就是螺髻形的发式，狮子是佛的护法神兽，又是文殊菩萨的坐骑，狮子受戒后，头上自然而然由野性的散发鬃毛变为皈依后的螺髻。后来螺髻成为中国狮子文化明显的特征，被历代沿

唐代顺陵南门走狮
（西侧牝狮闭口披鬣）
作者自摄

唐代桥陵蹲狮
（卷鬃闭口牝狮）
大漠风艺术馆制图

袭继承。

　　有关狮子的牡牝形象，在不同历史时期区分也是不同的，且不同朝代有不同的表现风格和特点。在汉代，狮子的形象特征大多为行走的狮虎状，一般情况下，左张口为牡，右闭口为牝。区分时也参考下颌部是否有胡须。唐代又是如何区分狮子牡牝形象的呢？在狮子石刻造像艺术中，唐代人到底是怎样表现狮子牡牝的？

　　在唐代中后期，陵墓石狮基本上都是成对出现，多数为一雄一雌，史称"牝牡之和"。大多数牡狮（雄狮）呈张口状，牝狮（雌狮）呈闭口状。在摆放方位上遵循左为牡狮、右为牝狮的礼俗。

这一时期关于狮子雕刻的牡牝形象，特征是牡狮（雄狮）卷鬣居左，牝狮（雌狮）披鬣居右。所谓"牡狮卷鬣"，是指雄狮头部至肩部饰以螺旋式卷发，而"牝狮披鬣"是指雌狮浓密的鬣毛从头部延伸至胸前和肩部。

　　后来在唐代顺陵拍摄时，看到顺陵朱雀门（南门）一对走狮，其被人们誉为"东方第一狮"，也是唐代诸陵中现存形体最大、最具代表性的石刻之一。这对石狮沿袭了汉代狮子行走式狮虎状的形象特征，厚重雄浑大气，气势不凡。两狮通高约3.15米，长3.2米，宽1.45米。右侧闭口石狮比左侧狮子略小。左侧雄狮尤为雄伟，仪态高大，造型威猛，四爪强劲有力，似在阔步缓行，巨口半开使人如闻狮子震撼山林、慑服百兽的吼声。左侧卷毛有螺髻呈张口怒吼状的是牡狮，右侧闭口鬣毛散发的为牝狮。为了确证，经文管人员提示，细看左侧有螺髻且张口的狮子，在腹部后雕刻有雄性生殖器，而右侧牝狮没有。这种性器官的雕刻在唐代狮子石雕作品中很是罕见。

　　唐代陵墓石狮子"牡牝有别、左雄右雌"的对狮摆放形式，后来在唐睿宗桥陵、唐武宗端陵和唐敬宗庄陵又发生了变化。左侧带螺髻的牡狮皆呈闭口状，而右侧头披鬣毛的牝狮呈张口状。笔者曾在蒲城的桥陵拍摄石狮子时，首次面对右为披鬣毛且呈张口状的牝狮，左为

唐代桥陵南门蹲狮（牡狮卷鬣闭口、牝狮披鬣张口）　　作者自摄

唐代乾陵朱雀门
张口蹲狮
作者自摄

卷鬣呈闭口状的牡狮摆放，与传统不同，甚是疑惑。后经过打问当地老人，解释道：睿宗皇帝为"让皇帝"，是由他的母亲武则天说了算，所以桥陵的石狮子，右边的牝狮就呈张口状，左边的牡狮则为闭口状。但后来的端陵、庄陵也按照这一形式，就不知何因了。

唐十八陵中，仪态最为雄伟、气势不凡的蹲式狮子，当数高宗李治与皇后武则天的陵寝乾陵司马道北端、献殿遗址之前的一对石狮。这两尊石狮为蹲式，皆用整块青石雕刻而成。狮子头部及颈项部螺髻卷旋，双目圆大凸起，怒视前方，鼻子宽阔向上隆起，口部大张，露出利齿，似欲发出震撼山谷的巨吼。身躯后蹲，稳重如泰山。整个造型浑润有神，有顶天立地的气概。东侧石狮高 3.02 米，胸宽 1.5 米，长 2.40 米；西侧石狮高 2.8 米，胸宽 1.38 米，长 2.83 米。这对石狮坐式、口式和头上螺髻相近，牡牝特点很难区分。民间传说认为，这是女皇武则天通过张口狮子这一形式，来彰显男女平等的思想，暗证自己和高宗李治一样具有一言九鼎的权威。这一打破常规的立狮子方式，对传统习俗提出挑战，也给乾陵带来更多的历史之谜。

唐代受佛教的影响，加之自魏晋以来在漫长的岁月里，人们不断给狮子输入新的内涵，狮子渐渐成为国人信仰中的一种图腾，被视为辟邪驱恶的吉祥物，并与龙、凤一起，成为威震八方、唯我独尊的王权与统治者的佑护神物。

说起唐代石雕狮子艺术，唐十八陵可谓现存于世最大的露天石雕艺术博物馆。其位于关中渭北地区北部的黄土塬上。从东蒲城县，经三原、礼泉、乾县至西凤翔，神奇的大自然造化出的沟壑山峦，层叠起伏，像一条巨龙蟠卧。放眼八百里秦川，东自龙山，拔地巍峙，如醒龙抬头，金粟山含势连绵，金帜山山韵势贯，气度不凡，丰山如同五彩斑斓的凤凰展翅欲立于龙脊上，这条巨龙最后摆尾融于凤翔仲山。自然造化的五座山脉群峰，被唐王朝的统治者作为皇家的"万年寿域"之地，修筑陵园。借龙首吞吐东海九霄紫气，滋润八百里平畴沃野，呈凤尾获取西域厚土红运。唐代的十八座皇家陵墓，就建造在关中大

唐代桥陵东门石狮
作者自摄

唐代定陵石狮
作者自摄

地神奇的龙脊上，那些镇守皇家陵墓的体量庞大、雄浑厚重的各式石雕狮子，是留给关中大地和世人的现存唐代雕刻艺术中最为杰出的石雕艺术精品。

　　纵观遗留下的唐代石狮，除态势上继承和保留了东汉以来狮子的走式外，还出现了大量别具特色、气势非凡的蹲坐式石狮。这种石狮造型已不同于历史传统上张扬、灵动的写意风格，以前石狮肩上的双翅、头上的饰角，以及身上的花纹，统统都被删减掉了。这时出现的石狮造型更富有艺术感染力，有蹲有站，石狮体形被雕刻得异常厚重壮观，而且形象逼真，头披鬣毛，张嘴扬颌，四爪强劲有力，肥厚丰腴，反映在神态上更加盛气凌人，强悍威猛，有气吞山河的气象。

　　唐代是中国历史上石雕狮子最为兴盛的时期，石狮身体高大，身躯饱满，骨骼肌肉明显，表现手法写实，雕工精巧，同时整体造型风格圆润雄浑，装饰线条绚丽华美，无形中将大唐盛世那种雍容华贵、豪迈威猛、不可一世、大气磅礴的审美取向充分地展现出来。

275

同时石狮雕刻艺术达到了前所未有的历史高度。

唐代的石狮当时只限于在陵墓坟宅前摆放，作为神道上的神兽。石狮常与石虎、石马、石羊等石像排放在一起，用以震慑鬼魅、祛除邪祟，使人对帝王陵寝产生敬畏的心理。

那么石狮到底是哪一历史时期进入阳宅和官府、家宅建筑中的呢？石狮走向民间，成为守卫大门的神兽，这种习俗大约形成于唐之后。唐代以后随着政治经济中心的东移，狮子形象在关中大地上有了很大的变化。随着朝代的更迭、政治中心的东移，石狮在艺术造型上逐渐失去唐代时气吞山河的气势。

宋代石狮的雕刻风格，从气势上已减弱了。狮身的装饰品却讲究起来，表现在石狮脖颈部有了挂着銮铃和缨须的项圈，狮子也被人们用脖项圈和链子拴了起来。从这一时期始，随着国力的衰弱，狮子也在人们眼中少了不可一世的豪气和霸气。皇家用石狮虽然体形也很大，从形象上则表现出狮子被驯化后野性的收敛。这时流传下来的民间石狮造型开始趋向玲珑，看上去更像狮子和狗的结合物。

元代是狮子文化在中国石雕史上的重要转折时期，是石狮从皇家走向民间的分水岭。程张《元代石狮趣谈》考证："唐制，士民居'坊'中，这种人为划定的居住区有围墙、有坊门，起着防火防盗的作用。坊门多制成牌楼式，中书坊名，在每根柱脚上都夹放着一对大石块，

宋代永裕陵石狮　马杰钢笔素描

铜川耀州区
香山元代石狮
作者自摄

以防风抗震。工匠在大石上雕出麒麟、狮子、海兽等物，既美化了环境，又取纳福招瑞的吉意，可谓一举两得。"这是用狮子等瑞兽形象制作成夹柱石来护卫牌坊大门的雏形，后来相沿成为习俗一直至今。

据记载，元代石雕或铁铸的狮子开始用于官宅门前。《析津志辑佚·风格》中记载：官宦家门外放置生铁铸成或白色大理石凿成的狮子。这是目前发现官方允许把石雕或铁铸的狮子放在官宦家宅门前的较早记载。不少专家学者认为，是从元代这一时期石雕狮子开始大量进入民间的。

从存世的元代石狮实物来看，元代狮子的雕刻少了盛唐的雄浑大气，而演变得形象简约，混沌，身躯较显瘦长有力。

元代的看门石狮大多蹲坐在一块大石雕成的台座上。这一特点明显带有从原来的夹柱石演变而来的痕迹。此种石狮在形制上也与后来守卫大门的石狮有明显不同的特点。

明代是中国石狮雕刻艺术发展的又一个高峰期，这时的狮子造型完全走向程式化，流行坐狮，已鲜见走狮。狮形端庄敦厚，温良驯顺，整体比例更加均匀，狮身上的装饰进一步增强。

明代石狮最为明显的特点是，继承发扬了唐代石狮的螺髻特点，并在螺髻的数目上有严格的等级规定。一品官员府第门前石狮，有十三个旋涡状的鬣毛，民间俗称"十三太保"。一品以下官员每低一级，旋涡状鬣毛要减少一个。根据礼制规定，七品以下官宅门前不能摆放石狮。

按官秩品级有严格的礼制规定，把狮子分为皇家宫廷狮子和民间狮子。皇家狮子造型大气，做工精巧，装饰华丽；民间狮子造型自然朴实，充满浓郁的生活和世俗气息。

《本草纲目·狮》："狮子出西域诸国，状如虎而小，黄色，亦如金色猱狗，而头大尾长。亦有青色者，铜头铁额，钩爪锯牙，弭耳昂鼻，目光如电，声吼如雷。有髶髵，牡者尾上茸毛大如斗，日走五百里，为毛虫之长。怒则威在齿，喜则威在尾。每一吼则百兽辟易，马皆溺血……虽死后，虎豹不敢食其肉，蝇不敢集其尾。"这些形象传神的描述对明代狮子雕刻艺人的创作风格有着重要影响。

明代，石狮雕刻艺术与盛唐时相比有了很多变化，不但体现在雕刻形式上，而且人们在现实生活的使用范围也比唐宋时更加广泛。宫殿、府第、陵寝、七品以上官员的住宅，都用石狮守门。甚至在住宅门楣檐角、石栏杆等建筑上也雕刻石狮作为装饰。这一时期的石雕狮子姿态各异，神情丰富，大小不一，玲珑活泼。

明代独立门狮一对
三原城隍庙藏
作者自摄

明代独立门狮一对
西安碑林博物馆藏
作者自摄

明代雕刻狮子的牡牝形象慢慢地发展为固定的模式。左右狮子的头顶全部有螺髻，区分方法也简单，牡狮爪下踩一球且呈张口状；牝狮爪下抚一幼狮，甚至有的背上还爬一小狮子。

绣球和幼狮配置开始在狮子爪下出现。人们希望狮子形象更贴近于世俗，和宫殿、宗祠、庙宇的使用有了截然不同的区分。

清代，继承了明代石雕狮子的所有特点，又不断添加许多新的元素。《扬州画舫录》中记载："狮子分头、脸、身、腿、牙、胯、绣带、铃铛、旋螺纹、滚凿绣珠、出凿崽子。"石狮通常以须弥座为基座，基座上有锦铺。

清代狮子雕刻工艺转向精雕细琢，所雕刻狮子形象温顺柔媚，活泼喜庆，憨态可掬，虽说失去了原有的汉唐气势和神威，但是显得更加朴实亲民。总体上清代的狮子造型丰富，又做了大量的美化修饰。

纵观明清两代所存世的石雕狮子，尤其是清代石狮，除继承前朝

清代独立门狮一对
咸阳文庙藏
作者自摄

清代独立门狮一对
旬邑唐家大院藏
作者自摄

清代门枕狮一对
三原周家大院藏
作者自摄

石狮造型的传统文化精神，又融入了更多民间文化习俗。民间流传有摆放狮子"必具吉意"的民俗传统。这时的石雕狮子在中国社会受到广泛的青睐，在建筑物的摆放，除了能标识使用者的社会地位，还有一重要的心理意义就是用于镇宅。明清两代的石雕狮子用于皇家宫殿、庙宇时的造型特点是规矩、庄重大气而富于威仪。

民间石雕狮子被融入很深的民俗吉祥文化寓意。例如："狮"与"事""嗣"谐音，符合了中国人含蓄表达美好意愿的习惯。双狮并立，表示"好事成双""事事如意"；狮子佩绶带、狮子含带皆表示"好事不断"；狮子背上背幼狮、嘴含绶带，表示"子嗣不断"，如加上钱币或元宝则寓意"钱财不断"；狮子和瓶的组合则象征"事事平安"；老狮脚踩幼狮、背爬幼狮表示"子嗣昌盛""人丁兴旺"；等等。

从以上可以看出，明清两代的狮子形象向更富有民俗异趣化的方向发展。这时在中国大地上的石雕狮子，开始分为南北不同的表现风格，尤其是在清时形成了南北差异很大的石雕艺术风格。中国北方大地上的石雕狮子就如北方的建筑风格一样，依旧继承着传统的恢宏大气，讲究以气势取胜的气魄。加之北方向来为皇都、京畿之地，多与权力有关，所雕刻的石狮形态威武，雕琢质朴，厚重大气。南方因经济高度发达，多与财富有关，明清时期可以说为政权的财源、赋源要地。能工巧匠高度集中，所雕刻的狮子更为繁复，精致机巧，神气灵动，造型温顺，憨态活泼。石雕工匠艺人在创作石雕作品时融入众多生活元素，所雕刻的大狮子温柔地把小狮子抚在手掌下，有的小狮子还爬到大狮子背上或肩上，呈现出可爱世俗化的意趣。

在漫长的历史长河中，国人不断给狮子文化注入新的内容，使狮子文化和形象更加丰富，狮子遂成为中国古代建筑重要的吉祥文化符号。

关中大地上所遗留的众多明清时期的石雕狮子，虽少了汉唐时期的雄浑大气，但仍然受到北方狮子雕刻风格的重要影响，融合保留了北方（如北京、山西等地）石雕狮子的优势和特点，呈现出朴拙、大气厚重、含蓄内敛的艺术风格。

以上简要叙述了石狮在关中大地上的演变史，其实这也是了解中国狮子文化发展史的一扇窗口。了解石雕狮子的演变发展历史脉络，可更深刻理解石狮作为中国古建筑重要的不可缺少的装饰符号的意义。

同时，笔者把在关中大地上收集到的历朝历代不同的狮子艺术遗存图片整理展示出来，以助理解狮子在历朝历代不同时期的形象演化，并通过狮子造型风格的变化可间接地反映出国力强弱、民族精神的变化历程。

附录

常见的民居三雕吉祥图案题材

笔者在对关中民居做了大量的拍摄记录，并对影像资料做初步整理后，发现几乎所有民居的装饰风格、雕刻图案等元素汇合起来，都是经过漫长的历史过程对人们的心理产生影响，从而形成一种古人对天地、自然、灵异动物、儒、释、道、图腾文化等的崇拜和信仰。

中华民族是一个有古老文化传统，并对美好生活有着强烈向往的民族。在几千年的岁月更迭中，中国人的文化崇拜无所不在地反映到日常生活的各个角落，其蕴含、汇集在关中民居三雕（石雕、砖雕、木雕）中的吉祥图案皆与人们的生产、生活、习俗和文化背景有着极为密切的关系，它的起源可以追溯到原始社会的部落图腾，以及当时社会一些器皿上的装饰图案。离开了这些根基，便失去了艺术发展的广阔空间。

随着社会的发展和进步，这些图案不断演变、完善，逐渐形成具有某种美好、祥和之意的标志或象征，继而产生相应固定的表现形式，久而久之，人们便将其称为"吉祥图案"。与其他文化一样，吉祥图案的发展与流传是和民族文化的变迁、融合紧密相连的。它体现着本民族特有的心理和传统人文精神内涵。

根据产生于不同时期的吉祥图案，可知其形成有以下几个特点：从中华先民崇拜的图腾、神话故事、传说中取材；随着佛教文化的传入，与佛教内容有关的题材成为组成部分；汉字吉祥字、词变形为图案；以名贵花草树木与珍禽异兽为创作图形，儒家、道家文化渗入其中形成图案。这些综合因素使中国的传统吉祥图案内容丰富多彩，特点鲜明，气象万千。

在历史悠久的关中土地上所流行的民间吉祥物的最大特点是：形象简约、内涵丰富，能够表达当时复杂的社会心理，并能反映人们各个层次的道德理想与追求。

要理解黄土地上的古民居三雕文化，就需要对关中先民所信奉的众多吉祥图案有一定了解。本书所罗列的有限图案，只是掀开中国古代传统吉祥图案的一扇小窗。收录在此只想告诉读者，每一个图案、每一个符号的背后都有深刻的历史渊源。了解这些，也不过是对我国文化长河中冰山一角之下的感受和触摸。只有对吉祥图案来源有了初步了解，才能走进中国博大精深的古建筑文化世界里。

龙

龙是中华民族崇拜的图腾象征。从创形起始至今，对中国传统文化影响之深，世之公认。《辞源》云：龙是古代传说中的一种善变化能兴云雨利万物的神异动物，为"鳞虫之长"；《辞海》云：龙是"古代传说中一种有鳞角须爪能兴云作雨的神异动物"。因此一般认为为：龙是传说中的一种有鳞、有须、能兴云作雨的神异动物。

传说中的人类始祖伏羲、女娲皆龙身人首（或蛇身人首），又被称为龙祖。传说中华民族的先祖黄帝、炎帝，和龙都有密切的关系。《竹书纪年》载："黄帝轩辕氏……龙图出河。"相传炎帝为其母感应"神龙首"而生，死后化为赤龙。因而中国人自称为龙的传人。

传说中龙能隐能显，春风时登天，秋风时潜渊，又能兴云致雨和腾云驾雾。经由漫长的历史长河后，龙成为皇权的象征，皇帝又称为真龙天子，皇宫使用器物也以龙为装饰。

富平老城文庙门楼砖雕
作者自摄

西安高家大院借山影壁
龙形砖雕影壁
作者自摄

凤凰

　　凤凰是中国古代传说中的百鸟之王，与龙同为中华民族的图腾。凤凰与麒麟一样，是雌雄统称，雄为凤，雌为凰，总称为凤凰。凤凰，亦称为丹鸟、火鸟、鹍鸡、威凤等，常用来象征祥瑞。《说文解字》上讲："凤，神鸟也。天老曰：凤之象也，鸿前鹿后，蛇颈鱼尾，鹳颡鸳思，龙文龟背，燕颔鸡喙，五色备举。出于东方君子之国，翱翔四海之外，过昆仑，饮砥柱，濯羽弱水，暮宿风穴，见则天下大安宁。"据《尔雅·释鸟》郭璞注，凤凰特征是"鸡头、蛇颈、燕颔、龟背、鱼尾、五彩色，高六尺许"。《山海经·图赞》说有五种像字纹："首文曰德，翼文

蒲城林则徐纪念馆
凤戏牡丹看墙砖雕

曰义，背文曰礼，膺文曰仁，腹文曰信。"凤凰性格高洁，非晨露不饮，非嫩竹不食，非千年梧桐不栖。它传说中共有五类，分别是赤色的朱雀、青色的青鸾、黄色的鹓鶵、白色的鸿鹄和紫色的鸑鷟。因种类不同，其象征也不同。

麒麟送子

麒麟，集狮头、鹿角、虎眼、麋身、龙鳞、牛尾于一体，尾巴毛状像龙尾，有一角带肉。也有传说称麒麟的身体像麝鹿，它被古人视为神灵。相关资料载：麒麟为圣王之嘉瑞，龙首马身，四蹄带火，独角青鬃，周身盖鳞，尾出七星棘。麒麟虽然外表凶猛彪悍，但从本质上来讲麒麟属于一种不折不扣的仁慈之兽，愿意为人间带来子嗣，增添人间的欢声笑语。

相传在春秋末期的鲁国，孔子的父亲孔纥与母亲颜征在仅孔孟皮一个男孩，但患有足疾，不能担当祀事。夫妇俩觉得太遗憾，就一起在尼山祈祷，盼望再有个儿子来承家业。后来颜征在怀孕将生之夕，忽有一只麒麟踱进阙里。麒麟举止优雅，不慌不忙地从嘴里吐出一方帛，上面还写着文字："水精之子孙，衰周而素王。"征在贤明，知为神异。麒麟不见后，孔纥家传出一阵响亮的婴儿啼哭声，孔子降生了。

民间还有这样一个传说：古代有位画师，老而无子，画师偏爱画麒麟，屋里铺满他所画的各种稀奇古怪的麒麟。有一天晚上，他突然看到一只金光闪闪的麒麟，身上驮着一个小孩子，朝着他走来。画师一高兴，笑醒了，原来只是南柯一梦。到了第二年，他的夫人便得一

麒麟送子石雕迎风石
民间藏品
作者自摄

旬邑唐家大院麒麟送子木雕

"老来子"，小孩子绝顶聪明，六岁就能赋诗作画，人们便称这孩子为麒麟童。于是麒麟送子这一习俗就在民间广泛传开了。

麒麟传书（麟吐玉书）

麒麟是中国古代传说中的瑞兽，四灵之一。据传孔子当年虚心好学，到处求教，但苦于没有书，学习起来非常困难，为此他常常苦恼。一天夜里，他借助月光在朦胧中看到远处升起一股股紫色的烟气，聚集不散。他想，这紫气可能和神仙有关，于是连夜找来弟子颜回和子夏，赶忙去紫烟升腾的方位去寻找。他们寻到天亮，也没收获，正灰心丧气要回家时，忽然看见前边的河岸上，有小孩子正用石块追打一只受伤的麒麟。孔子见状急忙跑上前去，一边责备小孩，一边扯衣为麒麟

麟吐玉书
传统白描图案

麟吐玉书砖雕影壁心
合阳民间藏

包扎伤口。这时麒麟用感激的眼神看着孔子师徒，突然麒麟站起身、昂起头从巨口中吐出三部书后，猛一转身跳进河中不见了。惊恐未定的孔子看到地上三部奇书，知道是神人相助，得到书后，日夜苦读，后来终于成为一代圣贤。

獬豸

獬豸，又称"任法兽"。中国古代神话传说中的异兽，相传形似羊，黑毛，四足，头上有独角，善辨曲直，见人争斗即以角抵触为非不直者，因而也称"直辨兽""触邪"。当人们发生冲突或纠纷的时候，独角兽能用角指向无理的一方，甚至会将罪该万死的人用角抵死，令犯法者不寒而栗。帝尧的刑官皋陶曾饲有獬豸，治狱以獬豸助辨罪疑，凡遇疑难不决之事，悉着獬豸裁决，均准确无误。所以在古代，獬豸就成了执法公正的化身，古代法官戴的帽子又称"獬豸冠"。后世因

白水仓颉庙獬豸砖雕
影壁心山门影壁
作者自摄

此遂将其画像加入判官的官服之中。人们经常引用獬豸的形象，取意于对中国传统司法精神的继承。

貔貅

貔貅是中国古代神话传说中的一种凶猛瑞兽。这种猛兽分为雄性和雌性，雄性为"貔"，雌性为"貅"。有资料认为貔貅、天禄、辟

貔貅纹　方佳翩画

邪、百解等,实际为同一兽。貔貅长着龙头、马身、麟脚,形状似狮子,毛色灰白,会飞。貔貅凶猛威武,它在天上负责巡视工作,阻止妖魔鬼怪、瘟疫疾病扰乱天庭。古时候人们也常用貔貅来作为军队的称呼。它有嘴无肛门,能吞万物而从不泻,可招财聚宝,只进不出,神通特异。

八仙过海

八仙过海是中国人耳熟能详的传说故事。八仙,即铁拐李、汉钟离、蓝采和、张果老、何仙姑、吕洞宾、韩湘子和曹国舅。

八仙过海最早见于元代杂剧《争玉板八仙过海》中。相传白云仙长有一年,于蓬莱仙岛牡丹盛开时,邀请八仙及五圣共襄盛举。回程时铁拐李(或吕洞宾)建议不搭船,而各自施法归程,大家为显示各自神力,均表示同意。此时铁拐李抛下自己一项法器铁拐(或说葫芦),汉钟离扔了芭蕉扇,张果老放下坐骑"毛驴",其他神仙也各掷法器下水,横渡东海。由于八仙的举动惊动龙宫,东海龙王率领虾兵蟹将前往理论,不料发生冲突,蓝采和被带回龙宫(亦说法器被抢)。之后八仙大开杀戒,怒斩龙子。而东海龙王则与北海龙王、南海龙王及西海龙王合作对战,一时之间惊涛骇浪。此时曹国舅拿出玉板开路,将巨浪逼往两旁,顺利渡海。最后由南海观音菩萨(或说如来佛)出面调停,要求东海龙王释放蓝采和之后,双方才停战。这就是后来"八仙过海,各显神通"或"八仙过海,各显其能"的起源。

八仙过海砖雕影壁心
民间收藏

八仙拱寿

　　由于八仙本来就是仙人，又定期赴西王母的蟠桃大会去祝寿，所以他们常被取作祝寿的素材。八仙的图案常用于画稿、建筑砖雕或木雕、家具、什器和衣物之上。民间艺人在创作构图时，画面八仙或者仰望寿星，或者举杯向西王母祝寿，或者用古松仙鹤衬托，题为"八仙仰寿""八仙庆寿""八仙祝寿""群仙拱寿"等。此外，八仙所持的物件——葫芦、扇子、玉板、荷花、宝剑、箫管、花篮、渔鼓，民间称"暗八仙"，亦称"八宝"，常常作为吉祥素材被广泛用于民居的三雕创作中。这种吉祥图案常暗喻八仙来佑护家宅平安，富贵长寿。

八仙拱寿　传统白描图案

五子登科

五代时，后周有一个人叫窦禹钧，他是渔阳（今天津蓟州区）人，他跟他的哥哥窦禹锡，都是当时有名的文化人。窦禹钧在朝做官，官居右谏议大夫。

窦禹钧非常重视和热爱教育，他曾经自己出钱建了一所"义塾"，就是不收学费的学校，聘请各地有名的好老师前来任教，招收有才爱学但因家庭困难上不起学的学生入学学习，受到人们的广泛赞誉。

窦禹钧尤其重视家教，他家藏书极多，他对他的五个儿子要求严格，教育得法，五个儿子相继登科，都很有出息，当时人称之为"窦氏五龙"。与窦禹钧同时代有一位诗人，也是好几朝连续做大官的元老了，叫冯道。他为此曾专门作了一首诗赞扬窦禹钧，诗曰："燕山窦十郎，教子有义方。灵椿一株老，丹桂五枝芳。"诗中"燕山"指窦禹钧为燕山人，"灵椿"一句赞窦禹钧做事很有办法，"丹桂"一句赞窦家五子有出息。

这个故事后来流传到民间，就叫作"五子登科"，是中国民间极为向往的一件天大喜事。

另有版本传说：窦燕山，原名窦禹钧，因他居住在幽州（今北京），

合阳灵泉村五子登科
盘头砖雕
作者自摄

故称窦燕山。

窦燕山出身于富庶的商人家庭,家道昌盛。但他最初为人心术不正,专用大斗进,小秤卖,费尽心机坑蒙拐骗,以势压人。平民百姓痛恨他的为富不仁,却没有力量主持公道。窦燕山昧良心、灭天理的行为激怒了上天,直到三十岁还膝下无子。

在一个夜晚,他做梦梦到去世的父亲对他说:"你心术不好,品行不端,恶名已经被天帝知道。以后你命中无子,并且短寿。你要赶快悔过从善,大积阴德,广行方便于劳苦大众,才能挽回天意,改过呈祥。"窦燕山醒来,幡然悔悟,于是决定重新做人。

有一天,窦燕山路宿客栈,偶然捡到一袋银子。他为了能让银子物归原主,在客栈等了一天,终于等到了失主,将银子完璧归赵。失主感激万分,要以部分银子相赠,他分文不取。他家乡有不少穷人,娶不起媳妇,女儿因为没有钱买嫁妆而嫁不出去,窦燕山就把他的银两送给他们以助嫁娶。同时,窦燕山还在自己的家乡设立学堂,请有学问的老师来教课。把附近因贫穷而不能上学的孩子招来免费上学。窦燕山如此周济贫寒,克己礼人,因此也算积了大阴德。

此后一个晚上,窦燕山又梦见父亲。老人告诉他:"你现在阴功浩大,美名远扬,天帝已经知道了。以后你会有五个儿子,且个个能金榜题名,你自己也能活到八九十岁。"他醒来,发现也是一个梦,但从此更加修身养性,广做善事,毫不怠慢。

后来,他果然有了五个儿子。由于自己重礼仪,德行好,且教子有方,家庭和睦,窦家终于发达了。他的长子名仪,任礼部尚书。次子名俨,任礼部侍郎。两个人均被任命为翰林院学士。三子名侃,任补阙。四子名偁,任谏议大夫。五子名僖,任起居郎。当五个儿子均金榜题名时,侍郎冯道赠他一首诗:"燕山窦十郎,教子有义方。灵椿一株老,丹桂五枝芳。"

鹿

古代中国人在漫长的历史岁月里有崇拜鹿的习俗。鹿科的动物如马鹿、麋鹿、狍鹿、梅花鹿等均为哺乳类动物,外形奇特,四肢细长,牡鹿头上长有美丽分叉的大犄角,因其外形俊美、性格温顺,并富有灵性,普遍被看作灵瑞奇兽而受到人们的长期崇拜。后来在中国成为一个重要的文化符号,常常出现在各类文化题材上用以示祥瑞,镇宅避邪。

在水深土厚的关中地区,先民除崇拜梅花鹿外又非常崇拜白鹿,这里指浑身上下皆为白色的鹿。古人曰:"皎皎白鹿体性良,呦呦白鹿毛如雪。饥餐松花渴饮泉,相济可活一千年。此物名白鹿,世所罕见,乃为灵物。"古代神话传说中的仙人、隐士多骑白鹿。《山海经》里讲:上申山中"兽多白鹿"。古时人们常认为白鹿在世上出现为重要祥瑞。

在关中大地有许许多多关于白鹿的传说。这种对白鹿的崇拜有着悠久的历史和民俗文化渊源。

据说在唐代，李世民和大将军李靖在渭水北部的池阳狩猎，曾射杀了一头美丽的白鹿，后来把出现白鹿的地方叫白鹿原，后人就把另外的两座山塬孟侯原、丰原，同称"原"，后简称"三原"。而同在关中大地的渭水南岸秦岭山下的另一塬也叫"白鹿原"，在作家陈忠实的创作下产生了史诗性的巨著《白鹿原》，更是给这种神秘瑞兽披上了神奇的面纱。民间传说认为鹿为长命的仙兽。古书《抱朴子》云：鹿"寿千岁，寿满五百岁者，其毛色白"。《述异记》亦云："鹿千年为苍鹿，又五百年为白鹿，又五百年化为玄鹿（黑色）。"上述均认为鹿是长寿之兽，食其肉也能保持长寿，故有"玄鹿为脯，食之寿二千岁"的说法。

古人以为白色的为奇异瑞兽，《宋书·符瑞志》载："白鹿，王者明惠及下则至。"白鹿是长寿、祥瑞的象征。受到传说的不断影响，人们就以鹿作为表达祈福、祝寿的载体。鹿又因与禄谐音，可与许多吉物相谐配，成为丰富多彩的中国传统吉祥文化的重要一物。

鹿衔灵芝

灵芝自古以来因其能治愈万症，功能神奇，实践中应验，灵通神效，又名"不死药"，俗称"灵芝草"。民间把灵芝喻为"仙草"。我国最

白水仓颉庙鹿鹤同春
作者自摄

早的药典《神农本草经》中就谈到灵芝的药用价值，认为它有"益心气""安精魂""补益气""坚筋骨""好颜色"之功效。传说中说常服用，可"不老长生，益寿延年"，甚至能羽化登仙。在神话故事《白蛇传》中让许仙起死回生的真正原因便是服用了灵芝仙草。

在现实生活中，各种生活在森林中的鹿科动物确实有能轻松寻找灵芝和其他菌类植物的神奇本领。据说鹿是对伴侣相当忠贞并极富爱心的动物，当牝鹿或者牡鹿生病、受伤时，另一头鹿总会在森林里苦苦寻觅那些十分难得的灵芝，不辞劳苦用口衔来精心喂食给对方用以疗伤治病。先民发现这感人一幕，又因鹿自古被国人示为长寿、祥瑞的象征，就用"鹿衔灵芝"这一主题表达美好、吉祥、神圣、高尚、健康和长寿的美好祈愿。

鹤

鹤，性情雅致，形态美丽，素以喙、颈、腿"三长"著称，直立时可达一米多高，看起来仙风道骨，被称为"一品鸟"。鹤，雌雄相随，步行规矩，情笃而不淫，具有很高的德性，故古人多用翩翩然有君子

松鹤遐龄砖雕
关中民俗艺术博物院藏
作者自摄

之风的白鹤，比喻具有高尚品德的贤达之士，把修身洁行而有时誉的人称为"鹤鸣之士"。鹤为长寿仙禽，据说，鹤寿无量，与龟一样被视为长寿之王，后世常以"鹤寿""鹤龄"作为祝寿之词。"鹤鸣人长寿"。鹤是长寿的象征，因此有仙鹤的称呼。中国传统文化中鹤常为仙人所骑，老寿星也常以驾鹤翔云的形象出现。其地位仅次于凤凰。

在古时鹤常和青松组合在一起，取名为"松鹤长春""松鹤延年"。鹤与龟画在一起，意为"龟鹤齐龄""龟鹤延年"。鹤与鹿、梧桐画在一起，表示"六合同春"。众仙拱手仰视寿星驾鹤，谓为"群仙献寿"。鹤立潮头岩石，名为"一品当朝"。两只鹤向着太阳高飞，寓意步步高升。

三星高照

三星，原指明亮而接近的三颗星，也指福星、禄星、寿星三个神仙，还指有福、有禄、有寿，命运好。最早出自《诗经·唐风·绸缪》："绸缪束薪，三星在天。"

我国有句民谚："三星高照，新年来到。"除夕夜，在迎春的鞭炮声中，在观看春节联欢晚会的间隙，从朝南面的窗户向夜空望去，就会看到"三星"发着闪闪的蓝光直入眼帘。迎接新年的"三星"是猎户星座中由左向右的参宿一、参宿二和参宿三。民间称这"三星"为福星、禄星、寿星或福、禄、寿。这三颗亮星高照，象征吉祥幸福、健康长寿和富裕。民间艺人在民居题材创作时，用谐音吉祥物表示三星：鹿代表禄，蝙蝠代表福，寿桃代表寿。

三星高照砖雕
关中民俗艺术博物院藏
作者自摄

三阳开泰

中国古代阳与羊同音，羊即为阳。"三阳"依照字面来分析，解释为三个太阳比较直观，即早阳、正阳、晚阳。朝阳启明，其台光荧；正阳中天，其台宣朗；夕阳辉照，其台腾射。此均含勃勃生机之意。

"泰"是卦名，乾下坤上，天地交而万物通也。我们见到"泰"，总是大吉大利。开泰以"求财"来卜，就是大开财路；以"求婚"来卜，就是大开爱门。

羊，即祥也。古代宫廷中的小车，多称羊车，即取吉祥之意。人们常说的"三羊开泰"为吉祥话之一。比如：一帆风顺、二龙腾飞、三阳开泰、四季平安、五福临门、六六大顺、七星高照、八方来财、九九同心、十全十美、百事亨通、千事吉祥、万事如意等。

在中国民俗中，"吉祥"多被写作"吉羊"。羊，儒雅温和，温

澄城某民宅三阳开泰
砖雕看墙壁心
作者自摄

柔多情，自古便为与中国先民朝夕相处之伙伴，深受人们喜爱。古代中国甲骨文中"美"字，即呈头顶大角之羊形，是美好的象征。

封侯挂印

相传北宋名相文彦博，他的父母常在绵山烧香拜佛，祈祷家运昌隆，儿子金榜题名，后来文彦博如愿进士及第。有一年他回介休绵山拜佛还愿，夜里睡觉时，梦见自己身骑一只金钱豹在山林中穿行，山中群猴看到他后都拱手相迎，其中猴王捧了一黄锦绫所包裹的四方宝印，正要挂于古树上。梦醒后迷惑不解，正准备找老僧为他解梦，这时在庙院偶遇一须发皆白的老者，他看到老者气度不凡，遂上前打问，老者笑答："逢猴之时，必是你挂印之日。"回京后没多久，当朝皇帝便封他入朝为宰相。文彦博为感谢仙猴灵佑，后塑了封侯挂印像以

韩城党家村某民居
封侯挂印砖雕影壁心
作者自摄

祭拜。民间取猴子往枫树上挂物组成祥瑞图案，寄以加官封侯的美好
祈愿。

天官赐福

天官是三官之一，就是天上的一品赐福天官紫微大帝。三官，又
叫三官大帝。三官大帝，即天官紫微大帝、地官青虚大帝和水官洞阴
大帝的合称。

民间艺人在创作天官赐福时，画面形象多为：天官头戴如意翅、
丞相帽，五绺长髯，身穿绣龙红袍，扎玉带，怀抱如意。以人物天官、
蝙蝠为主组成，"蝠"与"福"同音，借以表达吉祥、天官降福之
意。另外一种画面形象为：天官是授福禄的神人，天官大帝手执"天
官赐福"四个大字圣旨，背靠花团锦簇的"福"字，头顶、脚下有
祥云和五只蝙蝠环绕，脚下有寿桃，象征着"多福多寿"，天官大
帝把美好、幸福的生活赐予人间。

天官赐福看墙壁心
民间收藏
作者自摄

三原城隍庙鱼跃龙门
砖雕照壁心
作者自摄

鱼跃龙门砖雕看墙壁心　作者自摄　　　　　　泾阳鱼化龙砖雕盘头　作者自摄

鲤鱼跃龙门

　　古代传说黄河鲤鱼跳过龙门（指的是黄河从壶口咆哮而下的晋陕大峡谷的最窄处的龙门，今称禹门口），就会变化成龙。《埤雅·释鱼》："俗说鱼跃龙门，过而为龙，唯鲤或然。"清李元《蠕范·物体》："鲤……黄者每岁季春逆流登龙门山，天火自后烧其尾，则化为龙。"后以"鲤鱼跳龙门"比喻中举、升官等飞黄腾达之事，又用作比喻逆流前进、奋发向上。

　　鲤鱼跃龙门传说，正式见诸文字记载的是汉代辛氏所著的《三奈记》。据《艺文类聚》《太平广记》中引述的文字来看，《三秦记》中曾多次提到鲤鱼跃龙门传说。譬如："河津一名龙门，水陆不通，鱼鳖之属莫能上。江海大鱼薄集龙门下数千，不得上，上则为龙。"再如："龙门山在河东界……每暮春之际，有黄鲤鱼逆流而上，得者便化为龙。"

　　另据传说，禹辟伊阙以后，水流湍急，游息于孟津（今河南洛阳市孟津区）黄河中的鲤鱼，顺着洛、伊之水逆行而上，当游到伊阙龙门（今河南洛阳市龙门石窟所在地）时，波浪滔天，纷纷跳跃，意欲翻过。跳过者为龙，跳不过者额头上便留下一道黑疤，所以唐代大诗人李白在《赠崔侍御》诗中写道："黄河三尺鲤，本在孟津居。点额不成龙，归来伴凡鱼。"

　　从此，每逢暮春季节，就有无数金色鲤鱼循着黄河逆流而上，聚在禹门下，奋力跳跃。偶有一跃而过者，便化为苍龙，腾飞九天之上。化龙飞升的禹门叫作"龙门"，"一跃龙门，身价百倍"意即如此。

九世同居

唐高宗麟德三年（666年）初春，高宗李治与皇后武氏一同去泰山行封禅大礼，路过郓州（今山东菏泽一带）时，地方官前来迎驾。皇帝问起当地民情风俗，牧守禀告说：这里有户姓张的人家，祖孙、父子、叔侄、兄弟同居，已历九世。北齐时，东安王高永乐亲赴其宅以旌表。隋朝时，文帝又特命邵阳公梁子恭为使节，到张家慰问并重表其家门。本朝贞观中，先皇（即唐太宗）也曾专门敕派地方官府再加旌表。高宗听禀后，心有触动。他虽贵为天子，可家里的父子兄弟关系，弄得十分紧张。高宗决定亲自去取经。听说皇帝驾临，九旬老翁拄着拐杖，

九世同居
传统白描图案

率领合家老小几百口迎拜圣上。高宗赐他坐下后，开口便请教一大家子挤在一块过日子而得相安无事的诀窍。老翁让人送上纸笔，写了一百多个"忍"字。高宗感慨无比，竟激动得流下了泪水。

后人据此史实，绘成九只鹌鹑嬉戏于几丛菊花间的图画，以"鹌"谐"安"，以"菊"谐"居"，"九"寓九世之意，图名就称《九世同居》，用作合家团聚、同堂和睦的祝愿。也有画一只鹌鹑栖于山石菊花旁，地上有一些落叶，以落叶谐音"乐业"，寓意"安居乐业"。

福寿

在蒲城杨虎城故居，"福""寿"二字以石雕的方式雕刻在看墙上。"福"字，相传是仿宋代陈抟老祖与赵匡胤在华山东峰下棋时所写。其字左偏旁上点被有意夸张，形如一只昂首翘尾、振翅欲飞的凤凰。凝视该字，温馨秀美，回味无穷，用该字砖雕作为装饰，含有为杨母及全家祈福并旌表教子有方之意。

"寿"字造型独特，含蓄内向，意境深邃，上部酷似虎字，又像忠字，而下部又如一个甘字，因而该字寓有杨虎城将军是忠于祖国、忠于人民、爱憎分明的一员虎将之意。蒲城孙镇甘北村是杨虎城将军的出生地，该字甘字部位稳托于下，根基稳固，耐人寻味，确有惊人的偶合之处。

蒲城杨虎城故居"福""寿"看墙砖雕　作者自摄

麟凤呈祥

古书《吴越春秋》说：禹养万民，"凤凰栖于树，……麒麟步于庭"。传说麟为仁兽，蹄不踏青草和昆虫。凤为祥禽，凤凰双飞，贤士齐集。以后人们把麟、凤组合在一起视为天下太平的象征。

此砖雕凤凰张翅扬冠望着地上的麒麟，凤凰似浴火中涅槃重生；寿石之上，麒麟昂首奋蹄呼啸，如临九州送福庇荫。寓意太平祥瑞，富贵常在，荣华永驻。

澄城张卓村麟凤呈祥砖雕戏楼看墙壁心 **作者自摄**

澄城张卓村鲤鱼化龙
砖雕戏楼看墙壁心
作者自摄

鱼化龙

　　鱼化龙是中国传统寓意纹样，亦名鱼龙变化，古喻金榜题名。属于一种龙头鱼身的龙，亦是一种"龙鱼互变"的形式，这种形式我国古代早已有之，为历代民俗、传说演变而来，其历史渊源悠久，可追溯到史前仰韶文化—半坡类型时期的鱼图腾崇拜。《大荒西经》中有"风道北来，天乃大水泉，蛇乃化为鱼"，是最早有关化鱼形态的说法。《孔子家语》记载：孔子喜得贵子，鲁昭公以鲤鱼作为赏赐，孔子为此将儿子取名鲤，字伯鱼。《说苑》中有"昔白龙下清泠之渊化为鱼"的记载，讲述了龙鱼互变的关系。这种造型早在商代晚期便在玉雕中出现，并在历代得到发展。

　　《封氏闻见记》卷二记："故当代以进士登科为登龙门。"李白《与韩荆州书》说："一登龙门，则声誉十倍。"《琵琶记·南浦嘱别》云："孩儿出去在今日中，爹爹妈妈来相送，但愿鱼化龙，青云得路。"这类关于"鱼化龙"的相关记载都说明了其美好的含义。创作纹样一般都以鱼、龙组成，寓意高升昌盛。

关中民俗艺术博物院
独占鳌头砖雕壁心
作者自摄

独占鳌头

独占鳌头是一个汉语成语，原指科举时代考试中了状元，现泛指占首位或第一名。

传说居住于东海之滨天台山的羲和部落具有非常丰富的天文知识，他们最早识别北斗七星并把离斗柄最远的一颗命名为魁。其后人伯益成为部落首领时曾在扶桑山鳌头石梦遇魁星，受其点化而著《山海经图》。后人遂尊魁星为文运功名禄位之神（此神赤发蓝面，翘足，捧墨斗，执朱笔，立于鳌头之上），并在天台山鳌头石后修建魁仙阁（遗址尚存）。此后各地考生、达官贵人到魁仙阁上香，到鳌头石许愿者络绎不绝。

据此典故，自唐代始，考生在迎榜时都是让头名状元站在鳌头之上，称为"魁星点斗，独占鳌头"，意喻占首位或第一名之意。

太狮少狮

太狮少狮，即狮滚绣球，是中国传统纹样，表示子嗣昌盛之意。大狮、小狮谐音太师、少师。古代官制太师为三公之首，少师为三孤之首，官位显赫。又官府门前对置石狮，左边的代表太师，这是朝廷中最高的官阶；右边的代表少保，是皇太子的侍卫。太师、少师是官品、财富与权力的象征。狮又为百兽之王，是佛教中的神兽，以门狮镇宅辟邪，象征神圣、吉祥。

太狮少狮
传统吉祥图案

澄城某民居太狮少狮砖雕盘头　作者自摄

太平有象

太平有象是中国的传统吉祥纹样。《汉书·王莽传》载："天下太平，五谷成熟。"太平有象即天下太平、五谷丰登的意思。瓶与平同音。故吉祥图案常画象驮宝瓶，瓶中还插有花卉做装饰。

象，瑞兽，厚重稳行，能驮宝瓶，故有"太平有象""喜象升平"之说，寓意河清海晏、民康物阜。陆游曾赋诗曰："太平有象天人识，南陌东阡捣麦香"，象已然成为吉祥、喜庆的祥瑞象征。

历代帝王皆以铜、玉、瓷等材质御制"太平有象"器型，或陈于厅堂之中，或置于案台之上，以求四海升平、吉祥平安之福瑞。聪明的劳动人民根据谐音，把大象和万年青组合在一起，取万年吉祥之意。

太平有象
传统白描图案

三多吉祥砖雕影壁心
作者自摄

三多吉祥

　　三多，中国传统吉祥图案，源出"华封三祝"——多福、多寿、多子。传统纹样一般多以佛手、桃子和石榴组成。

　　佛手中"佛"与"福"谐音，相传佛之手能握财宝，多财宝表示多福；桃子俗称"寿桃"，寓意长寿，《汉武故事》说，西王母种的蟠桃"二十年一结子"，吃了可长生以此寓意祝寿；石榴，取其"千房同膜，千子如一"，寓意多子；《北史》记：北齐南德王高延宗纳妃，妃母宋氏以两个石榴相赠，祝愿子孙昌盛。"三多"图案有的以佛手、桃子和石榴组合于一盘，有的使三者并蒂，也有的以三种果物做缠枝相连。

　　以佛手谐意福，以桃子谐意寿，以石榴暗喻多子，表现多福多寿多子的颂祷，故称福寿三多纹。大象背驮三多图，寓意三多吉祥。

参考书目

[1] 吴山 . 中国纹样全集 [M]. 济南：山东美术出版社，2009.

[2] 唐家路，张爱红 . 中国古代建筑砖雕 [M]. 南京：江苏美术出版社，2006.

[3] 马未都 . 中国古代门窗 [M]. 北京：中国建筑工业出版社，2006.

[4] 王山水，张月贤，苏爱萍 . 陕西传统民居雕刻文化研究 [M]. 西安：三秦出版社，2016.

[5] 林通雁，杨学芹 . 陕西民间美术大系石雕·泥塑 [M]. 西安：陕西人民美术出版社，2004.

[6] 李琰君 . 陕西关中传统民居建筑与居住民俗文化 [M]. 北京：科学出版社，2011.

[7] 徐华铛，杨古城 . 中国狮子造型艺术 [M]. 天津：天津人民美术出版社，2004.

后记

溯源寻根　赓续血脉

设计完成《根脉——图说关中古建筑民俗文化》一书，看着原色古朴的亚麻布精装封面，书封大面积留白，右上角机凹后粘贴宣纸印制的汉代帛书残片形底图，一股简约、悠远、古朴的气息扑面而来。烫银的"根脉"二字醒目突出，道出了本书内容"根是根本、根基；脉指血脉、宗派等相承的系统"寓意。

设计时选用的这张底图，是马王堆汉墓出土的春秋时期老子的哲学作品《道德经》帛书残片。后经专家查证原貌，溯本清源，明证了《老子》"德经"为上、"道经"为下的原旨。借用此图作为封面设计元素，原意陕西关中大地是中华文明最为重要的发祥地之一，是中国古代最为伟大辉煌的朝代周、秦、汉、唐的中兴之地，也是中国历史上十三朝古都的所在地。这块沃土上古建筑文化遗存富集，散落在这块土地上不同时期的每一件文化遗存，都可以从侧面折射出不同朝代的鲜明时代特点。

虽然关中土地上不同历史时期的皇家古建筑实物多饱经战乱和历史风雨已荡然无存，但是还可通过翔实的史料记载、文物考古等轻松地

还原出独属于那个时代完整宏大的建筑风貌来；《根脉——图说关中古建筑民俗文化》一书的搜集整理，则要面对在漫长历史发展过程中，散落沉积在关中大地上近似断层式的民居古建筑文化和民俗文化，因鲜有史料完整记载，其大都呈碎片化，沉积附着在乡野不同时期的古建筑文化构建上。要想明白原委，只能运用田野调查的形式，通过调研归纳，查证资料，并进行追根溯源式的梳理，最后形成一个主题比较突出明晰、叙事相对完整独立的篇章。然后结合这十多年来拍摄的照片、请画家专门绘制的插画和搜集到的老照片，压缩、精简相应文字，整理成看似各自独立的共计十五个章节，汇集起来形成一部历代古建文脉相承、内在关联，并清晰解读关中古建筑文化习俗的作品。

套在亚麻布书封上的腰封，正面底图为咆哮奔腾不息的黄河壶口瀑布。画面一侧站立着的是厚重雄浑大气的唐代顺陵雄狮，它巨口半开，让人如闻震撼山林、慑服百兽的吼声，阔步迎面走来，给观者以强烈的心灵震撼。腰封背图，采用的是被专家称为"东方人类古代传统居住村寨的活化石"的韩城党家村古民居群俯瞰照片。这一动静结合设计的腰封，间接地体现了本书的内容和中华民族源远流长、百折不挠、自强不息的民族文化精神内涵。

本书内文采用了形似关中古代窄院民居"外满内空"的排版样式，体现了关中古民居建筑外部高大坚固、内部围绕"四水归堂"式窄院天井进行空间划分且灵活装饰布局的传统人文思想。书的内文对开时，正文和插图尽可能整齐规矩分列两边，图片注解文字放在留白处，呈给读者一种疏密有致、不失空灵的视觉感受。

这是因关中古民居建筑民俗文化，承载着一代代先民在这块土地上的休养生息、婚丧嫁娶，度过的喜怒哀乐。这些建筑文化符号，记录着属于他们自己在这块厚土上的信仰、崇拜、宗法礼制、伦理道德，创造着属于这个民族独有的建筑艺术和民俗文化。在关中乡村遗留的古民居中，任何一栋有代表性的传统合院式民居完整的布局和形式，都涵盖着宗法礼制、儒家思想文化、生活方式、地域自然条件等因素。

毫不夸张地讲，这些千百年来，经岁月风霜洗礼而形成的厚重的古建筑文化遗存和民俗印记，就是一个民族渗透在血液中的传统文化基因和民族精神深处的根脉。

溯源寻根，赓续传统文化血脉，这是一个民族蓬勃而生、发展壮大的魂，保住民族传统文化的特性就是留住中华民族的根。

文化自信，关键是对自己的传统文化"根、脉"的找寻与继承，不忘本来，兼吸外来，着眼将来。继承和学习自己的传统文化的目的，就是在这个飞速发展的时代转型时，使优秀的中华文明不中断，并得到传承而生生不息，薪火相传。

2023 年 2 月 8 日于青麓书院